1 風のはたらき①

●風のはたらきについて，言葉や図をなぞりましょう。

風のはたらき

| 風 | をはたに当てると，はたが動く。このように，風には，ものを

| 動かす | はたらきがある。

JN074381

風を利用して動くものには， | 風車 | やヨットなどがある。

チャレンジ！

車が動く向きをなぞろう。

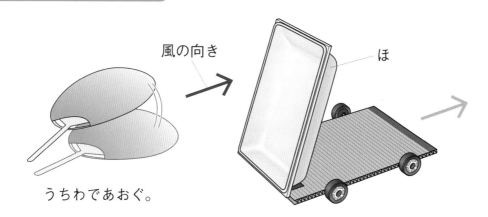

風の向き

ほ

うちわであおぐ。

車は，風の向きと | 同じ | 向きに動く。

風の向き

風がふいてくる方向を風向という。
「北風」とは，北からふいてくる風をさす。

1 右の図のように，ほをつけた車をうちわであおぎました。次の問いに答えましょう。

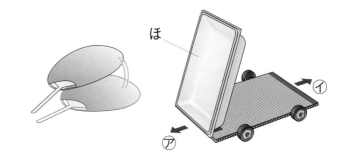

(1) 車は㋐と㋑のどちらに動きますか。

(　　　　　)

(2) 図で，車を動かしたものは何ですか。 (　　　　　　　　　)

(3) うちわであおぐのをやめると，車はどうなりますか。正しいものに○をつけましょう。

① (　　) 動き続ける。 　　　② (　　) やがて止まる。

2 右の図は，1日目と2日目のはたのようすです。次の問いに答えましょう。

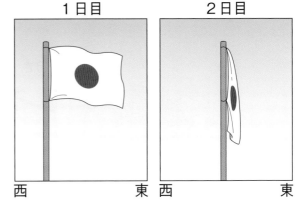

(1) 風がふいていたのは，1日目と2日目のどちらですか。

(　　　　　)

(2) (1)のときにふいていた風の向きはどちらですか。正しいものに○をつけましょう。

① (　　) 東から西 　　　② (　　) 西から東

(3) 風を利用して動くものに，○をつけましょう。

① (　　) 電車 　　　② (　　) ヨット 　　　③ (　　) じしゃく

ヒント 2 (1)はたは，1日目はなびいていて，2日目はたれ下がっています。

● 風のはたらきについて，言葉や図をなぞりましょう。

風のはたらきの強さ

うちわのあおぎ方を強くすると，風が　強く　なり，ものが動くきょりは

長く　なる。風がものを動かすはたらきは，風が強いほど　大きく

なる。

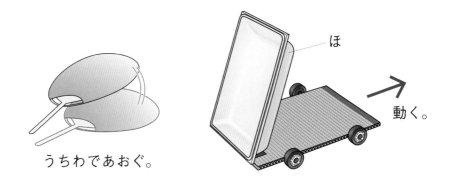

ほ

動く。

うちわであおぐ。

チャレンジ！
車が動いたきょりを表す矢印をなぞろう。

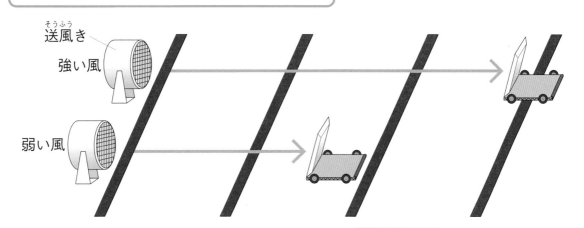

送風き
強い風

弱い風

風が強いほど，車は　遠く　まで動く。

風の強さ
台風の強い風には，木をたおしたり，車を動かしたりするほどの力がある。

3

[1] 右の図のように，うちわで車をあおぐと，車は60cm 動(うご)きました。次の問いに答えましょう。

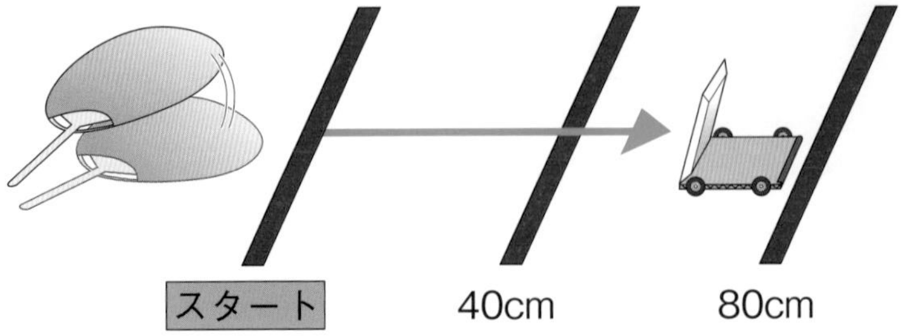

(1) 図よりも強くうちわであおぐと，車はどのくらい動きますか。正しいものに○をつけましょう。

①(　　)60cm 動く。

②(　　)60cm よりも近いところまで動く。

③(　　)60cm よりも遠いところまで動く。

(2) (1)のようになる理由(りゆう)について，次の文の(　　　)にあてはまる言葉(ことば)を書きましょう。

> 車に当たる風が強くなると，
> (　　　　　　　　　　　　　　　　　　　　)から。

[2] 送風(そうふう)き①，②で，同じ車㋐，㋑に風を当てると，右の図のようになりました。次の問いに答えましょう。

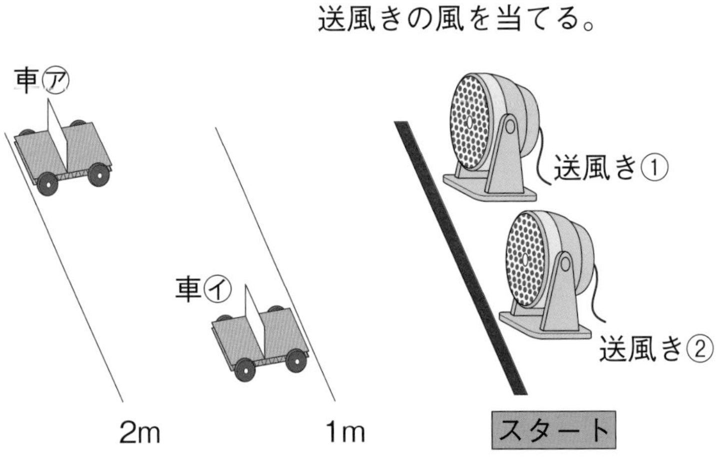

(1) 遠くまで動いた車は，㋐と㋑のどちらですか。

(　　　　)

(2) 風が強かった送風きは，①と②のどちらですか。　(　　　　)

(3) 車㋑を車㋐と同じくらい動かすには，送風き②の風の強さをどうすればよいですか。　(　　　　　　　　　　　)

ヒント [2](1)風が強いほど，ものを動かすはたらきは大きくなります。

ゴムのはたらき①

● ゴムのはたらきについて，言葉や図をなぞりましょう。

ゴムのはたらき

手でゴムをのばすと，ゴムがもとの形に　もどろう　とするため，手

ごたえを　感じる　。

チャレンジ！

のばす前とのばした後のゴムの形をなぞろう。

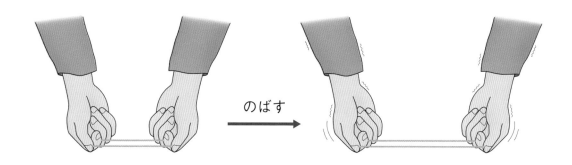

のばす

手でゴムを引くと，ゴムがのびて　長く　なる。ゴムを引くのをやめると，

ゴムはもとの形に　もどる　。のばしたゴムは，もとの形にもどろうと

する力で，ものを　動かす　ことができる。

だん性

変形したものがもとの形にもどろうとする
せいしつを，だん性という。

5

1 **右の図のように，手でゴムをのばしました。次の問いに答えましょう。**

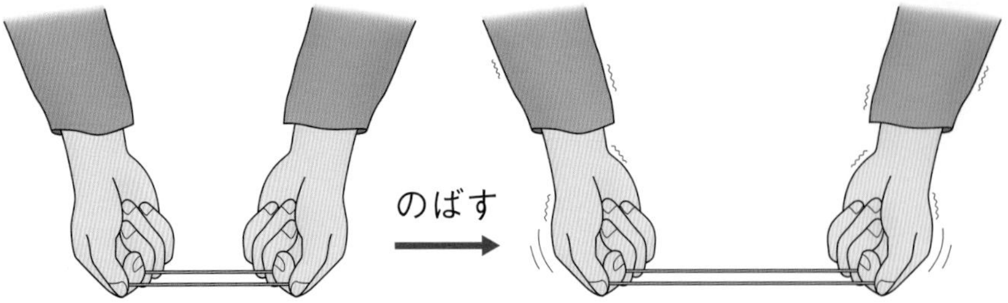
のばす

(1) ゴムをのばしているとき，どのように感(かん)じますか。正しいものに○をつけましょう。

①（　　）手がゴムに引かれる。　②（　　）手がゴムにおされる。

(2) ゴムをのばしてから手をはなすと，ゴムはどうなりますか。

（　　　　　　　　　　　　　　　　）

2 **図1のように，輪(わ)ゴムで動(うご)く車をつくって動かしました。あとの問いに答えましょう。**

図1

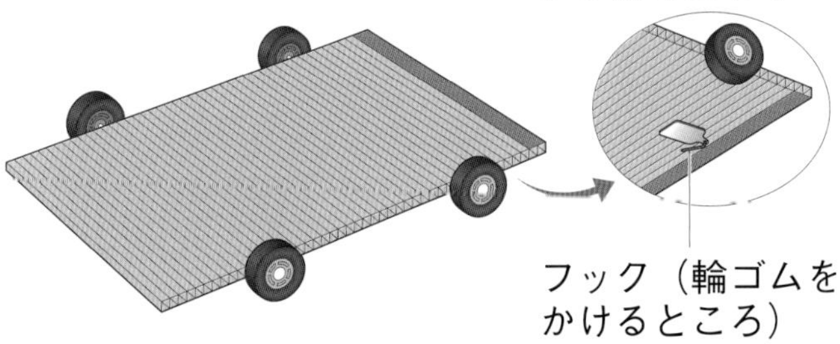
うら側(がわ)のようす
フック（輪ゴムをかけるところ）

図2

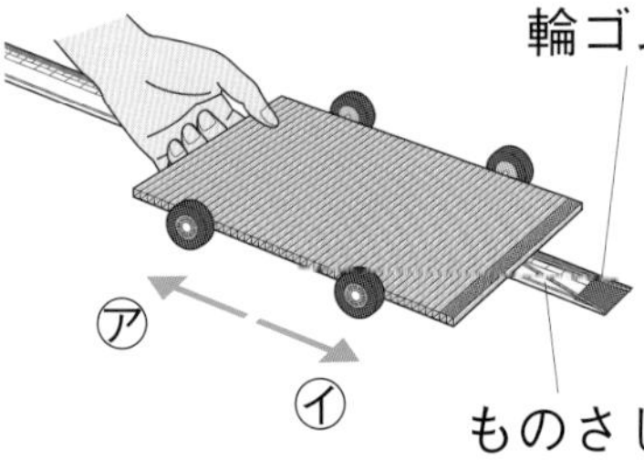
輪ゴム
ア
イ
ものさし

(1) 図2のように，輪ゴムをのばしてから手をはなすと，車は㋐と㋑のどちらに動きますか。（　　　）

(2) (1)の向(む)きに車が動いたとき，のびた輪ゴムの形はどうなりましたか。正しいものに○をつけましょう。

①（　　）もとの形にもどった。　②（　　）のびたままになった。

(3) 図2では，のびた輪ゴムはどのようなはたらきをしましたか。

（　　　　　　　　　　　　　　　　）

ヒント 1(1)手で輪ゴムを引いてのばすと，手ごたえを感じます。

4 ゴムのはたらき②

● ゴムのはたらきについて，言葉や図をなぞりましょう。

ゴムのはたらきの強さ

ゴムを手で引いて ┃ 長く ┃ のばすほど，手ごたえが ┃ 大きく ┃ なり，

ゴムがものを動かすはたらきは ┃ 大きく ┃ なる。

チャレンジ！

車が動いたきょりを表す矢印をなぞろう。

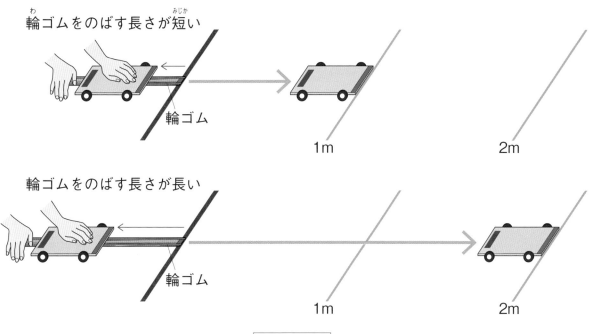

輪ゴムをのばす長さが短い

輪ゴム

1m   2m

輪ゴムをのばす長さが長い

輪ゴム

1m   2m

輪ゴムを長くのばすほど，車が ┃ 遠く ┃ まで動く。

だん性力

のびたゴムのように，変形したものがもとの形にもどろうとしてはたらく力を
「だん性力」という。ものが大きく変形するほど，だん性力は大きくなる。

7

[1] 右の図のように，輪ゴムを5cmのばしてから手をはなすと，車は㋐まで動きました。次の問いに答えましょう。

輪ゴムを5cmのばしてから手をはなす。

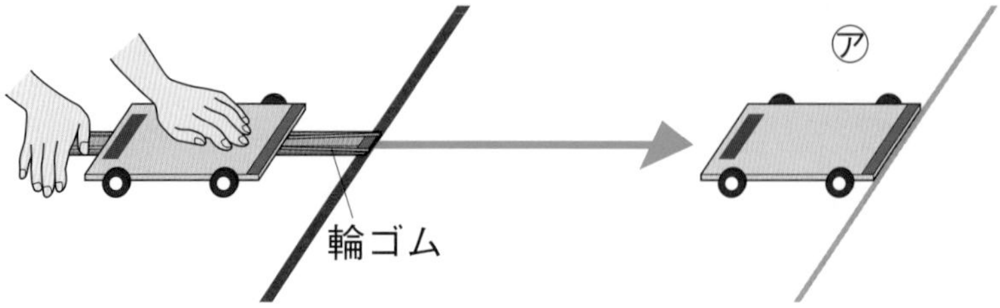
㋐
輪ゴム

(1) 輪ゴムを10cmのばしてから手をはなすと，車はどのくらいまで動きますか。正しいものに○をつけましょう。

①（　　）㋐よりも近いところ　　②（　　）㋐よりも遠いところ

(2) (1)のようになる理由について，次の文の（　　）にあてはまる言葉を書きましょう。

ゴムを長くのばすほど，
ものを動かすはたらきが（　　　　　　　　　　）から。

[2] 右の図の㋐，㋑のように輪ゴムをのばして，車を動かしました。次の問いに答えましょう。

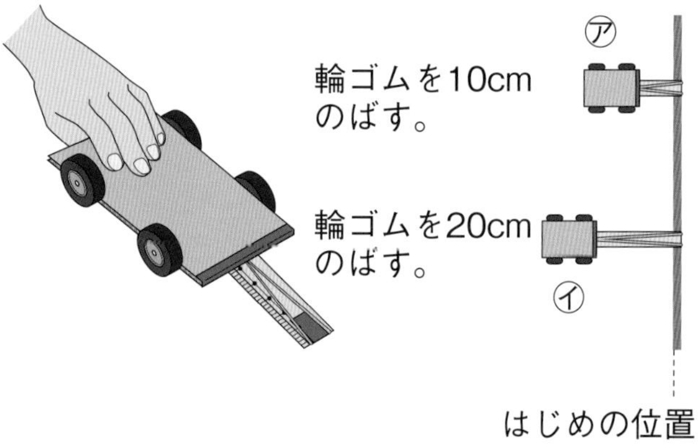
㋐
輪ゴムを10cm
のばす。
輪ゴムを20cm
のばす。
㋑
はじめの位置

(1) 輪ゴムをのばしたときの手ごたえが大きいのは，㋐と㋑のどちらですか。（　　　　）

(2) 車が止まったときのようすとして正しいものに○をつけましょう。

①（　　）

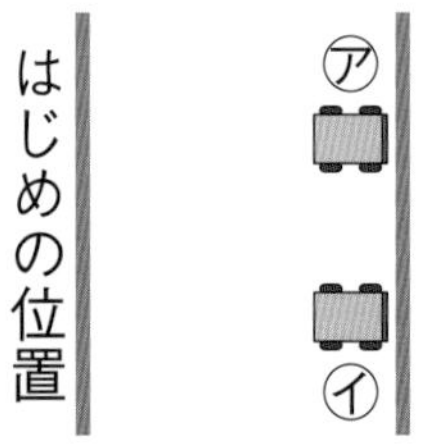
はじめの位置
㋐
㋑

②（　　）

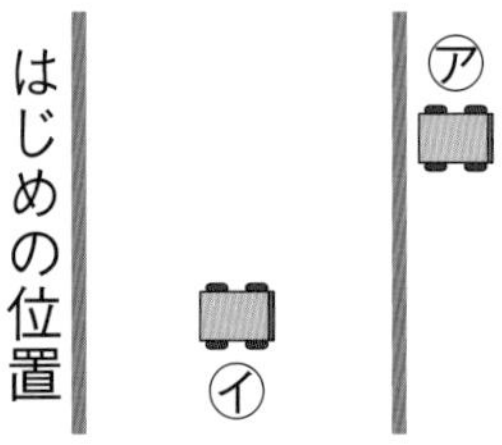
はじめの位置
㋐
㋑

③（　　）

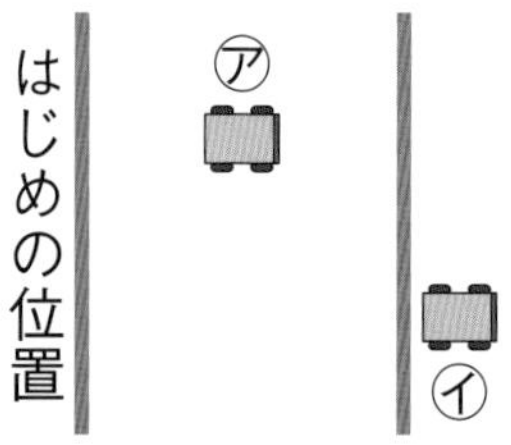
はじめの位置
㋐
㋑

(3) ㋑のときよりも車を遠くまで動かすには，輪ゴムをのばす長さをどのように変えればよいですか。（　　　　　　　　　　）

ヒント [2] (1)㋑は㋐よりも，輪ゴムを長くのばしています。

月　日
⏰ かかった時間
分

●光の進み方について，言葉や図をなぞりましょう。

光の進み方

かがみではね返した 日光 は， まっすぐ に進む。かがみの向

きを変えると，はね返した日光の向きが 変わり ， まっすぐ に

進む。

チャレンジ！
はね返した日光が進む道すじをなぞろう。

地面に，日光のすじ
がまっすぐにできて
いるよ。

① かがみではね返した日光をかべに当てる。

かがみの向きを変える

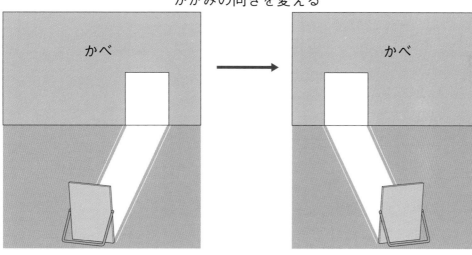

② 日光が通ったところは 明るく なる。

光の反しゃ

かがみなどで光がはね返る
ことを光の反しゃという。

9

1 図1のように，かがみで日光をはね返して，かべに当てました。次の問いに答えましょう。

図1

図2

(1) はね返した日光はどのように進みましたか。正しいものに○をつけましょう。

①（　　　）まっすぐに進んだ。

②（　　　）曲がって進んだ。

(2) 図2のように，図1の㋐の位置にボールを置くと，ボールに日光は当たりますか，当たりませんか。　　　（　　　　　　　　　　　　）

2 右の図のように，かがみで日光をはね返して，かべに当てました。次の問いに答えましょう。

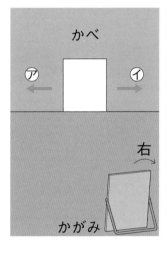

(1) 地面にできた日光のすじのようすとして，正しいものに○をつけましょう。

①（　　　）　　　　②（　　　）　　　　③（　　　）

　　　　　　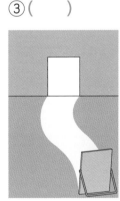

(2) (1)のように日光のすじができるのは，日光がどのように進んだからですか。

（　　　　　　　　　　　　　　　　　　　）

(3) 図のかがみを右に向けると，かべに当たった日光は㋐と㋑のどちらに動きますか。　　　（　　　　　　　　　　　　）

ヒント　1(2)ボールを置いても，はね返した日光の進む向きは変わりません。

6 光の明るさ・あたたかさ①

●光の明るさについて，言葉や図をなぞりましょう。

光の明るさ

かがみではね返した　日光　をかべに当てると，かべが　明るく　なる。はね返した日光をたくさん重ねるほど，日光が当たったところは，より　明るく　なる。

チャレンジ！

◎の図に，いちばん明るいところをぬりつぶそう。

３まいのかがみで日光をはね返して，かべに当てる。

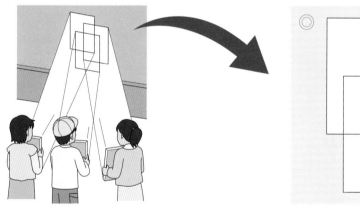

しょう明をたくさんつけると明るくなるように，日光をたくさん集めると明るくなるよ。

かい中電とう

かい中電とうは，電球の光をかがみではね返して集め，明るくてらしている。

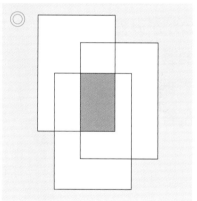

電球
かがみ

11

1 右の図のように, 2まいのかがみで日光をはね返して, かべに当てました。次の問いに答えましょう。

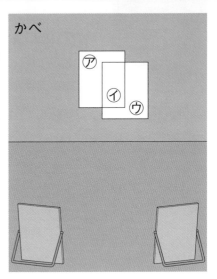
かべ

(1) 日光が当たったところは, 当たっていないところにくらべて, 明るさはどうなっていますか。
（　　　　　　　　　　　　　）

(2) いちばん明るいところは, ㋐, ㋑, ㋒のどこですか。
（　　　　）

(3) (2)のように考えられるのはなぜですか。次の文の（　　　）にあてはまる言葉を書きましょう。

> かがみではね返った日光が（　　　　　　　　　　　　）から。

2 右の図のように, 3まいのかがみで日光をはね返して, かべに当てました。次の問いに答えましょう。

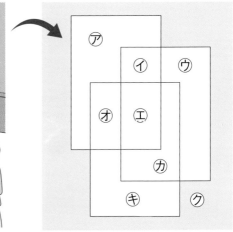

(1) ㋐と同じ明るさのところを, ㋑〜㋗からすべて選びましょう。
（　　　　　　　　　　　　　　　　）

(2) いちばん明るいところは, ㋐〜㋗のどこですか。（　　　　）

(3) かがみではね返した日光を重ねるほど, 明るさはどうなりますか。
（　　　　　　　　　　　　　）

ヒント **2**(2)3まいのかがみではね返された日光がすべて重なっているところが, いちばん明るくなります。

光の明るさ・あたたかさ②

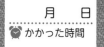

● 光のあたたかさについて，言葉や図をなぞりましょう。

光のあたたかさ

かがみではね返した ｜日光｜ をかべに当てると，かべが

｜あたたかく｜ なる。はね返した日光をたくさん重ねるほど，日光が当

たったところは，より ｜あたたかく｜ なる。

チャレンジ！
◎の図に，いちばんあたたかいところをぬりつぶそう。

温度計　　放しゃ温度計

① 3まいのかがみで日光をはね返して，かべに当てる。
② あたたかさは温度計や放しゃ温度計ではかる。

日なたが日かげよりあたたかいように，日光が当たったところはあたたかくなるよ。

13

1 右の図のように, 2まいのかがみで日光をはね返して, かべに当てました。次の問いに答えましょう。

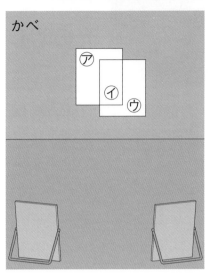

かべ

(1) 日光が当たったところは, 当たっていないところにくらべて, あたたかさはどうなっていますか。
(　　　　　　　　　　　　)

(2) いちばんあたたかいところは, ㋐, ㋑, ㋒のどこですか。 (　　　　　)

(3) (2)のように考えられるのはなぜですか。次の文の( )にあてはまる言葉を書きましょう。

> かがみではね返った日光が(　　　　　　　　　　　　　　)から。

2 右の図のように, 1～3まいのかがみで日光をはね返して重ね, 温度を調べました。次の問いに答えましょう。

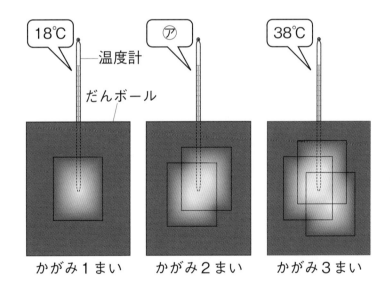

18℃ 　温度計 　　㋐ 　　38℃
　　だんボール
かがみ1まい　　かがみ2まい　　かがみ3まい

(1) ㋐にあてはまる温度に, ○をつけましょう。
①(　)16℃
②(　)27℃
③(　)42℃

(2) かがみではね返した日光を重ねるほど, 温度はどうなりますか。
(　　　　　　　　　　　　)

(3) 図で, 日光を当てたところをさわったとき, いちばんあたたかいのは, かがみが何まいのときですか。 (　　　　　)

ヒント 　2(1)かがみのまい数が1まいから3まいにふえると, 温度がどのように変化しているかに注目します。

8 光を集める

⚫︎光を集めたときについて，言葉や図をなぞりましょう。

日光を集める

虫めがねを使うと，日光を　集める　ことができる。日光を集めたとこ

ろを小さくするほど，明るさは　明るく　なり，温度は　高く　なる。

チャレンジ！
日光が集まった部分をぬりつぶそう。

日光が集まったところは，明るく，熱くなるよ。

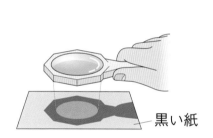
黒い紙

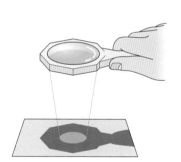

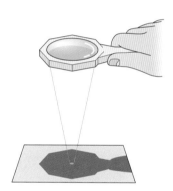

　虫めがねで集めた日光を，黒い紙に当てる。日光を集めたところを小さくする

ほど，　熱く　なり，黒い紙が　こげる　ことがある。

光が集まる点

虫めがねに太陽の光を当てたとき，光が集まる点をしょう点という。

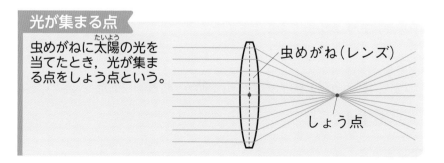
虫めがね（レンズ）
しょう点

15

1 次の図の⑦，⑦，⑦のように，虫めがねで集めた日光を黒い紙に当てました。あとの問いに答えましょう。

⑦
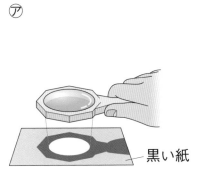
黒い紙

⑦
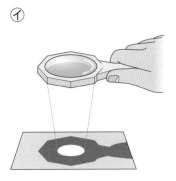

⑦
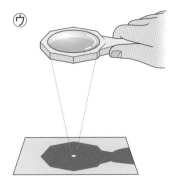

(1) 日光を集めたところがいちばん明るいのは，⑦，⑦，⑦のどれですか。

（　　　　　）

(2) 日光を集めたところの温度がいちばん高いのは，⑦，⑦，⑦のどれですか。

（　　　　　）

2 右の図のように，虫めがねで集めた日光を黒い紙に当てました。虫めがねを⑦の向きに動かすと，日光を集めたところが小さくなりました。次の問いに答えましょう。

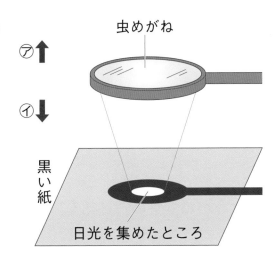
虫めがね
⑦
⑦
黒い紙
日光を集めたところ

(1) 日光を集めたところが小さくなると，日光を集めたところの明るさはどうなりますか。

（　　　　　）

(2) 日光を集めたところが小さくなると，日光を集めたところの温度はどうなりますか。

（　　　　　）

(3) 虫めがねを⑦の向きに動かすと，日光を集めたところの大きさはどうなりますか。

（　　　　　）

ヒント **2**(2)日光を集めたところが小さいほど，熱くなります。

「できる‼がふえる↗ドリル」をお買い上げいただき、ありがとうございました。今後のよりよい本づくりのため、裏にありますアンケートにお答えください。

アンケートにご協力くださった方の中から、抽選で（年2回）、図書カード1000円分をさしあげます。（当選者の発表は賞品の発送をもってかえさせていただきます。）なお、このアンケートで得た情報は、ほかのことには使用いたしません。

《はがきで送られる方》
① 左のはがきの下のらんに、お名前など必要事項をお書きください。
② 裏にあるアンケートの回答を、右にある回答記入らんにお書きください。
③ 点線にそって（はがきを切り離し、お手数ですが、左上に切手をはって、ポストに投函してください。

《インターネットで送られる方》
文理のホームページよりアンケートのページにお進みください。
ご回答ください。

https://portal.bunri.jp/questionnaire.html

郵便はがき

1 4 1 8 4 2 6

おそれいりますが、切手をおはりください。

東京都品川区西五反田2-11-8
(株)文理

「できる‼がふえる↗ドリル」アンケート係

ご住所	〒　　　都道府県　　　市区郡 電話　　-　　-
	フリガナ
お名前	男・女　学年　年

お買上げ月	年 月	学習塾に □通っている □通っていない
スマートフォンを □持っている □持っていない		

*ご住所は町名・番地までお書きください。

アンケート

●次のアンケートにお答えください。回答は右のらんのあてはまる□をぬってください。

] 今回お買い上げになったドリルは何ですか。
① 漢字　② 文章読解　③ ローマ字　④ 計算
⑤ たし算，ひき算，かけ算九九等の分野別の計算
⑥ 文章題　⑦ 数・量・図形　⑧ 社会　⑨ 英語
⑩ 理科

] この本をお選びになったのはどなたですか。
① お子様　② 保護者様　③ その他

] この本を選ばれた決め手は何ですか。（複数可）
① 内容・レベルがちょうどよいので。
② 説明がわかりやすいので。
③ カラーで見やすく，わかりやすいので。
④ イラストが楽しく，わかりやすいので。
⑤ 以前に使用してよかったので。
⑥ 付録がついているので。
⑦ その他

] どのような使い方をされていますか。（複数可）
① おもに授業の先取り学習に使用。
② おもに授業の復習に使用。
③ おもに前学年の復習に使用。
④ 小学校入学に備えて。
⑤ その他

] どなたといっしょに使用されていますか。
① お子様が一人で使用。
② 保護者様とごいっしょに使用。
③ 答え合わせだけ，保護者様と使用。
④ その他

] 内容はいかがでしたか。
① わかりやすい。　② ややわかりにくい。
③ わかりにくい。　④ その他

7] 問題の量はいかがでしたか。
① ちょうどよい。　② 多い。　③ 少ない。

[8] 問題のレベルはいかがでしたか。
① ちょうどよい。　② 難しい。　③ やさしい。

[9] ページ数はいかがでしたか。
① ちょうどよい。　② 多い。　③ 少ない。

[10]「答えとてびき」はいかがでしたか。
① わかりやすい。　② ふつう。
③ もっとくわしく。

[11] 表紙デザインはいかがでしたか。
① よい。　② ふつう。　③ あまりよくない。

[12] カラーの誌面デザインはいかがでしたか。
① よい。　② ふつう。　③ あまりよくない。

[13] 付録のシールはいかがでしたか。(1，2 年のみ)
① よい。　② ふつう。　③ あまりよくない。

[14] 付録のボード（英語以外）や単語カード・CD（英語）はいかがでしたか。
① よい。　② ふつう。　③ あまりよくない。

[15] 文理の問題集で，使用したことがあるものがあれば教えてください。
① 教科書ワーク
② 教科書ドリル
③ トップクラス問題集
④ その他

[16]「できる !! がふえる♪ドリル」について，ご感想やご意見・ご要望等がございましたら教えてください。

[17] このドリルのほかに，お使いになっている参考書や問題集がございましたら，教えてください。また，どんな点がよかったかも教えてください。

アンケートの回答：記入らん

[1] □①　□②　□③　□④　□⑤　□⑥
□⑦　□⑧　□⑨　□⑩
[2] □①　□②　□③(　　　)
[3] □①　□②　□③　□④　□⑤　□⑥
□⑦(　　　)
[4] □①　□②　□③　□④　□⑤(　　　)
[5] □①　□②　□③　□④(　　　)
[6] □①　□②　□③　□④(　　　)
[7] □①　□②　□③
[8] □①　□②　□③
[9] □①　□②　□③
[10] □①　□②　□③
[11] □①　□②　□③
[12] □①　□②　□③
[13] □①　□②　□③
[14] □①　□②　□③
[15] □①　□②　□③
□④(　　　)
[16]

[17]

ご協力ありがとうございました。できる !! がふえる♪ドリル＊

音が出る①

●音が出るときのようすについて，言葉や図をなぞりましょう。

音が出るときのようす

音が出るとき，ものは ふるえて いる。音が出ているものを手でに

ぎると，ものが ふるえなくなって ，音が 出なく なる。

チャレンジ！
輪ゴムギターの輪ゴムがふるえるようすをなぞろう。

輪ゴムギターの輪ゴムをはじいて音を出す。

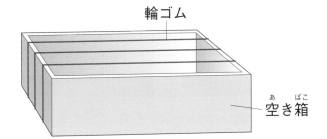

輪ゴム

空き箱

輪ゴムをはじくと，
輪ゴムがふるえるよ。

〔上から見たようす〕

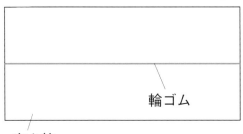

輪ゴム

空き箱

はじく

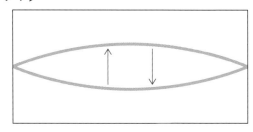

ふるえている輪ゴムを指で
つまむと，音が出なくなる
ね。

音を出すもの
ものがふるえることをしん動という。
音を出しているものは，しん動している。

1 右の図のように，トライアングルをたたくと音が出ました。次の問いに答えましょう。

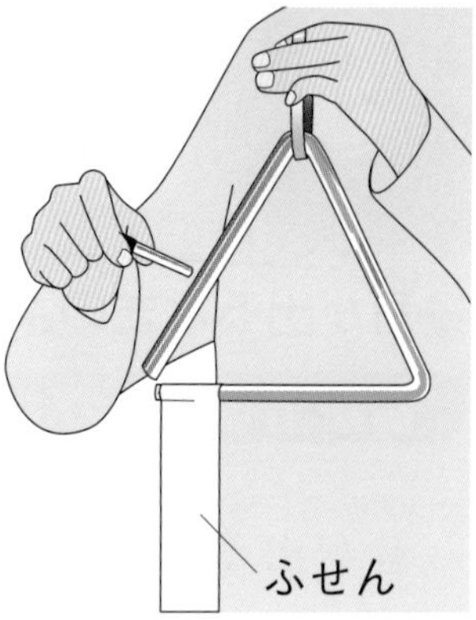

(1) 音が出ているとき，トライアングルにつけたふせんはどうなっていますか。

(　　　　　　　　　　　　　　　　　　)

(2) 音が出ているトライアングルを手でにぎると，音はどうなりますか。　(　　　　　　　　　　　　　　　　　　)

2 次の図のように，たいこのまくの上に紙をのせて，たいこをたたきました。あとの問いに答えましょう。

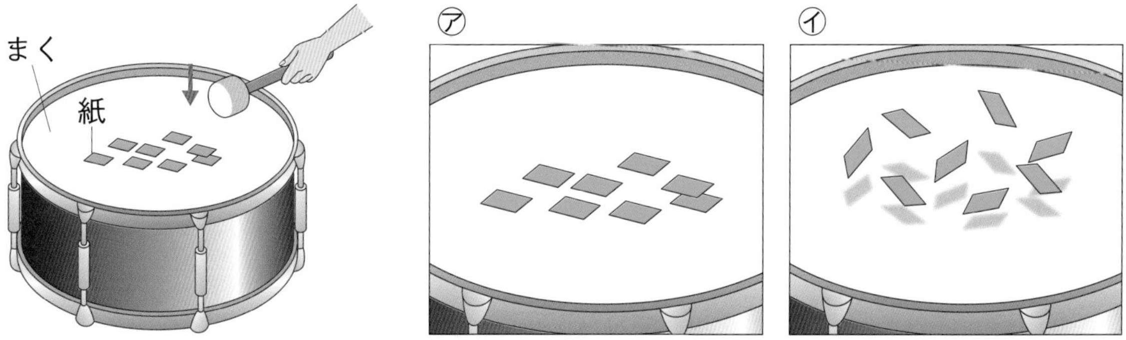

(1) たいこから音が出ているときのようすは，㋐と㋑のどちらですか。

(　　　　)

(2) (1)のように考えた理由（りゆう）について，次の文の(　　　)にあてはまる言葉（ことば）を書きましょう。

紙が(　　　　　　　　　　　　　　　　　　　)から。

(3) たいこの音を止めるにはどうすればよいですか。次の文の(　　　)にあてはまる言葉を書きましょう。

たいこのまくを(　　　　　　　　　　　　　　　　　　)。

ヒント 2(1)㋐では紙が止まっていて，㋑では紙が動（うご）いています。

●音の大きさについて，言葉や図をなぞりましょう。

音の大きさ

音が出るとき，もののふるえ方の大きさがちがうと，音の　大きさ　が

ちがう。もののふるえ方が小さいと，音は　小さく　なり，もののふるえ

方が大きいと，音は　大きく　なる。

チャレンジ！
輪ゴムギターの輪ゴムがふるえるようすをなぞろう。

輪ゴムギターの輪ゴムをはじいて音を出す。

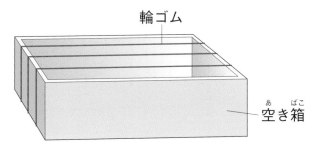

輪ゴム

空き箱

輪ゴムを強くはじくと，ふるえ方が
大きくなるよ。
輪ゴムのふるえ方が大きいほうが，
音が大きいね。

〔上から見たようす〕

弱くはじいたとき

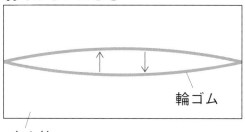

輪ゴム

空き箱

強くはじいたとき

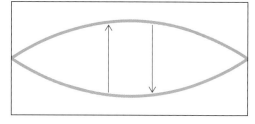

しん幅
輪ゴムなどがふるえる幅をしん幅という。
しん幅が大きいほど，音が大きくなる。

1 右の図のように，トライアングルをたたいて
音を出しました。次の問いに答えましょう。

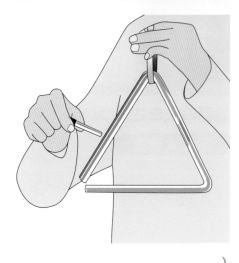

(1) 強くたたくと，トライアングルのふるえ方
はどうなりますか。

(　　　　　　　　　　　　)

(2) 強くたたくと，出る音の大きさはどうなり
ますか。

(　　　　　　　　　　　　)

2 次の図のような輪ゴムギターをつくり，輪ゴムをはじきました。あとの問い
に答えましょう。

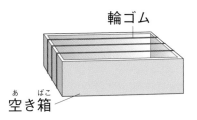

輪ゴム
空き箱

輪ゴムのふるえ方（上から見たようす）

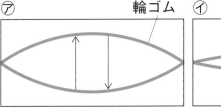
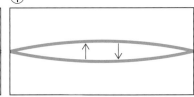

⑦　　　　輪ゴム　　　⑦

(1) 輪ゴムを強くはじいたときのようすは，⑦と⑦のどちらですか。

(　　　　　　　　　　　　)

(2) ⑦のときの音の大きさは，⑦のときにくらべてどうなっていますか。

(　　　　　　　　　　　　)

(3) 出る音を大きくするには，輪ゴムをどのようにはじけばよいですか。

(　　　　　　　　　　　　)

(4) 輪ゴムをはじいてしばらくすると，音が小さくなっていきました。このと
き，輪ゴムのふるえ方はどうなっていきますか。

(　　　　　　　　　　　　)

ヒント **1** もののふるえ方が大きいほど，音は大きくなります。

11 音が伝わる

●音の伝わり方について，言葉や図をなぞりましょう。

音の伝わり方

音が伝わるとき，音を伝えるものは ふるえて いる。音を伝えてい

るもののふるえを 止める と，音が 伝わらなく なる。

チャレンジ！

図1で，トライアングルから紙コップに音を伝えたものをなぞろう。

トライアングルと糸電話をつないで，トライアングルをそっとたたく。

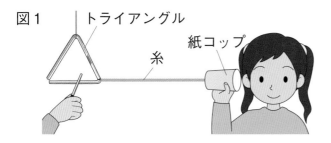

図1　トライアングル　紙コップ　糸

音が聞こえるとき，
糸はふるえているよ。

図2　糸をつまむ

糸をつまむと，音が
聞こえなくなるよ。

音を伝えるもの

はなれたところの音が聞こえるとき，音を伝えているものは空気である。
空気が次々にふるえて，音が伝わっていく。

21

1 右の図のように，けんた
さんが鉄ぼうに耳を当てて，
さやかさんが鉄ぼうをそっ
とたたきました。次の問い
に答えましょう。

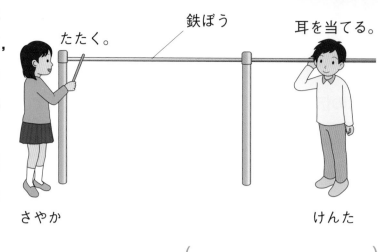

たたく。　鉄ぼう　耳を当てる。

さやか　　　　　　　　　　けんた

(1) けんたさんは，音が聞
こえますか，聞こえませ
んか。

(　　　　　　　　　　　)

(2) けんたさんに音が聞こえるとき，鉄ぼうはどうなっていますか。

(　　　　　　　　　　　)

2 右の図1のように，糸電話をトライ
アングルにつないでそっとたたくと，
音が聞こえました。次の問いに答えま
しょう。

図1

トライアングル

糸　　　紙コップ

(1) トライアングルから紙コップへ，
音を伝えたものは何ですか。

(　　　　　　　)

図2

糸をつまむ

(2) 右の図2のように糸を指でつまむ
と，聞こえている音はどうなりますか。

(　　　　　　　)

(3) (2)のようになる理由について，次の文の(　　　)にあてはまる言葉を書き
ましょう。

糸のふるえが(　　　　　　　　　　　　　　　)から。

ヒント　**2**(1)トライアングルのふるえが，紙コップに伝わって，音が聞こえます。

月 日

⏰かかった時間

分

●電気の通り道について，言葉や図をなぞりましょう。

電気の通り道

かん電池の ┃プラス きょく┃ ＋極 ┃，豆電球，かん電池の ┃マイナス きょく┃ －極 ┃を，どう線で１つ

の「 わ 輪 」のようにつなぐと， 電気 が通って，豆電球に明かりがつく。

１つの「輪」のようになった電気の通り道を かい ろ 回路 という。

チャレンジ！

豆電球に明かりがつくように，どう線でつなごう。

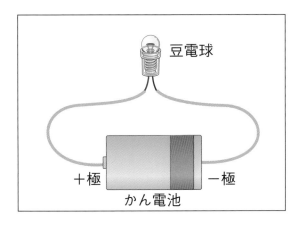

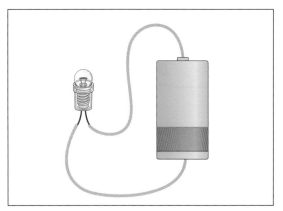

かん電池の＋極，豆電球，かん電池の－極が，
１つの「輪」になるようにつなぐよ。

回路が切れていると，
電気が通らないよ。

23

[1] 右の図のように，豆電球とかん電池をつなぐと，豆電球に明かりがつきました。次の問いに答えましょう。

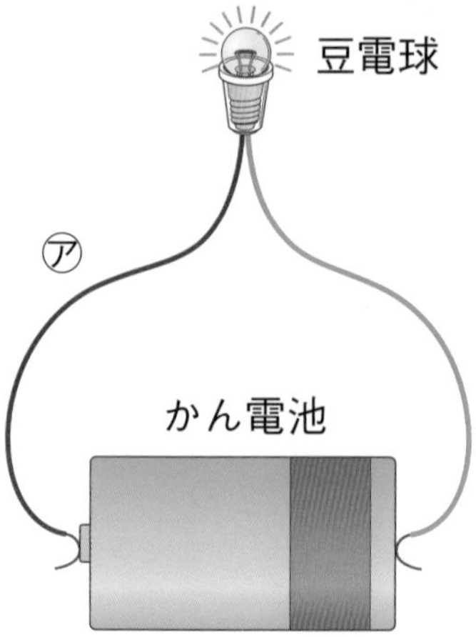

(1)　豆電球とかん電池をつないでいる㋐の線を何といいますか。　(　　　　　　　)

(2)　豆電球に明かりがついたのは，豆電球に何が通ったからですか。　(　　　　　　　)

(3)　１つの「輪」のようになっている(2)の通り道を何といいますか。

(　　　　　　　)

[2] 次の図のように，豆電球とかん電池をどう線でつなぎました。あとの問いに答えましょう。

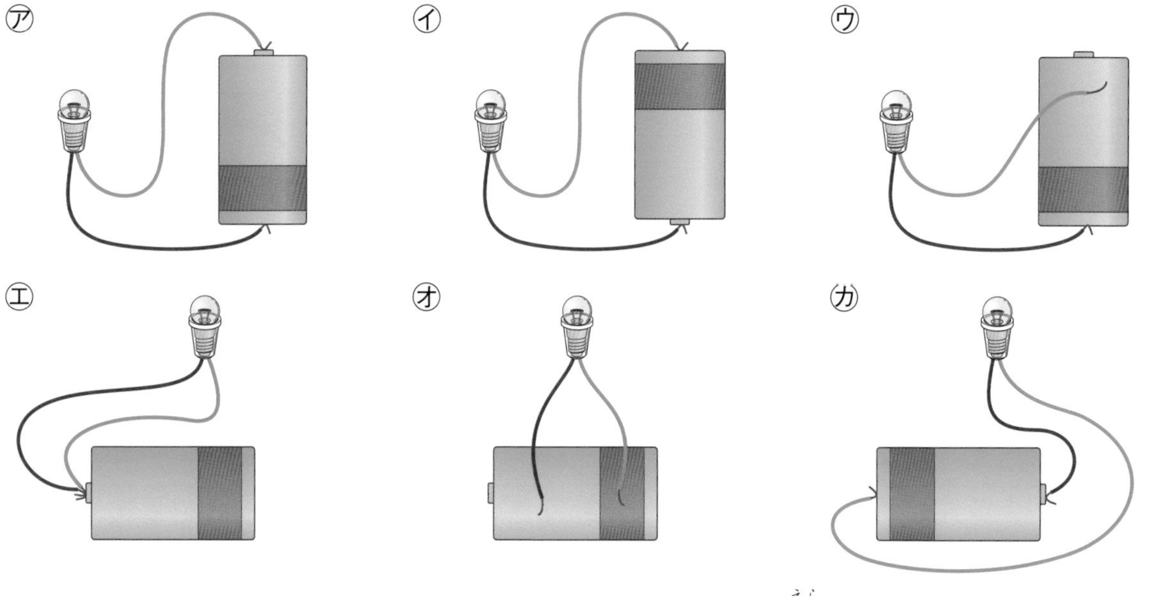

(1)　豆電球に明かりがつくものを，㋐～㋕からすべて選びましょう。

(　　　　　　　)

(2)　(1)で選んだものは，「かん電池の＋極」，「豆電球」，「かん電池の－極」が，どう線でどのようにつながっていますか。

(　　　　　　　)

ヒント　[2](1)電気の通り道がとちゅうで切れていると，豆電球の明かりはつきません。

13 豆電球をつけるには②

● 豆電球（まめでんきゅう）に明かりがつくしくみについて，言葉（ことば）や図をなぞりましょう。

豆電球に明かりがつくしくみ

豆電球の ｜ フィラメント ｜ に電気（でんき）が通ると，豆電球に明かりが

｜ つく ｜ 。

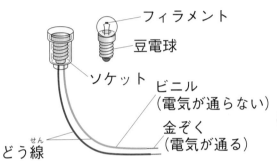

フィラメント
豆電球
ソケット
ビニル（電気が通らない）
金ぞく（電気が通る）
どう線（せん）

ソケットがなくても，豆電球に明かりをつけることができるよ。

チャレンジ！

明かりがついている豆電球で，電気の通り道をなぞろう。

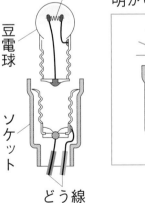

フィラメント
豆電球
ソケット
どう線

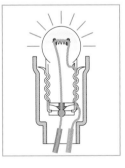
明かりがつく。

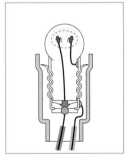
明かりはつかない。
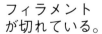
フィラメントが切れている。

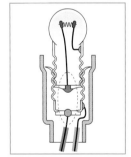
明かりはつかない。
豆電球がソケット（どう線）からはなれている。

フィラメントが ｜ 切れて ｜ いたり，豆電球とソケット（どう線）が

｜ はなれて ｜ いたりすると，豆電球に明かりはつかない。

1 どう線のつなぎ方について，正しいものに○をつけましょう。

①（　　）　②（　　）　③（　　）

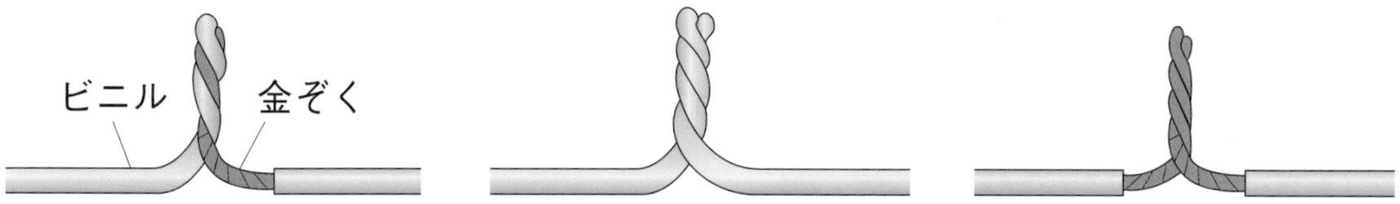

2 ソケットを使わないで，豆電球に明かりをつけます。明かりがつくものを，㋐～㋓から選びましょう。（　　　　）

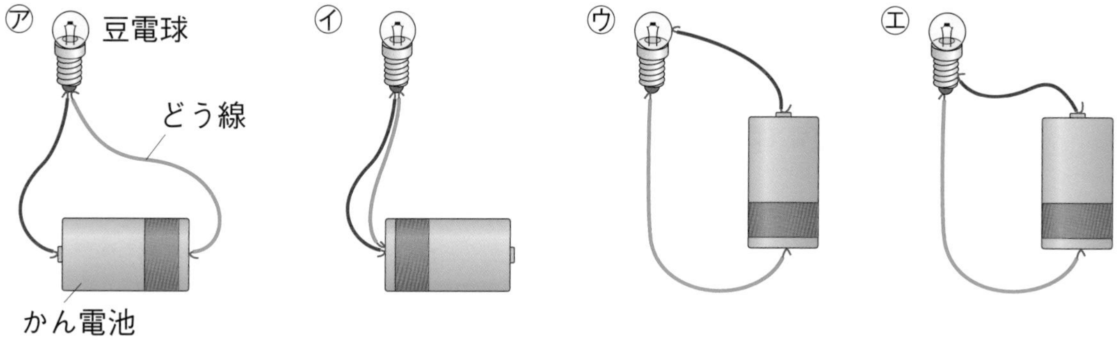

3 豆電球をソケットに入れて明かりをつけます。明かりがつかないものを，㋐，㋑，㋒から2つ選びましょう。また，明かりがつかない理由を書きましょう。

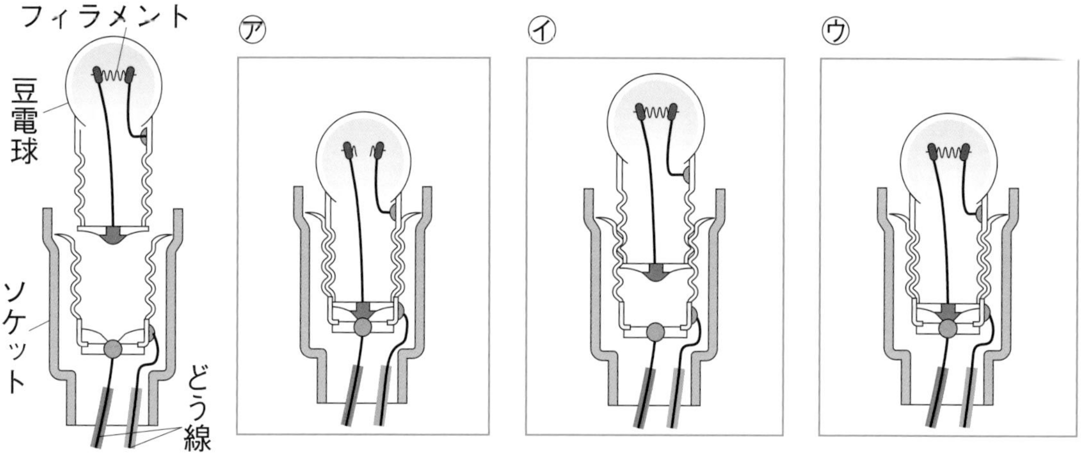

●記号（　　　　）

理由（　　　　　　　　　　　　　　　　）

●記号（　　　　）

理由（　　　　　　　　　　　　　　　　）

ヒント　3 フィラメントに電気が通ると，豆電球に明かりがつきます。

⚫ 電気を通すものについて，言葉や図をなぞりましょう。

電気を通すもの

鉄 や銅， アルミニウム などは電気を 通す が，紙，木，

ガラス，プラスチック，ゴムなどは電気を 通さない 。

鉄や銅，アルミニウムなどを 金ぞく といい，金ぞくには電気を

通す せいしつがある。

> 金ぞくでできたものは，
> 電気を通すよ。

チャレンジ！

電気を通すものに○，通さないものに×をつけよう。

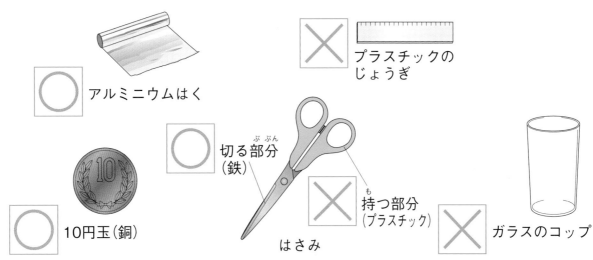

○ アルミニウムはく

× プラスチックの
じょうぎ

○ 切る部分
（鉄）

○ 10円玉（銅）

× 持つ部分
（プラスチック）

はさみ

× ガラスのコップ

> はさみは，切る部分は鉄，持つ部分は
> プラスチックでできているね。

[1] **右の図１の㋐にいろいろなものをつないで，電気が通るかどうか調べます。次の問いに答えましょう。**

図１

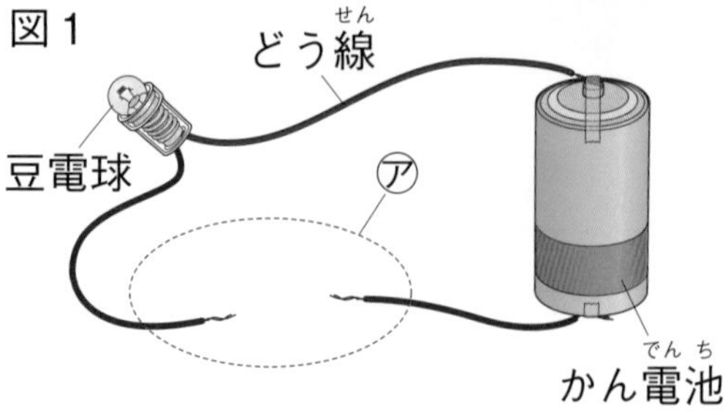
どう線
豆電球
㋐
かん電池

(1) ㋐につないだとき，豆電球に明かりがつくものに○，明かりがつかないものに×をつけましょう。

①(　　)１円玉(アルミニウム)　②(　　)紙コップ

③(　　)鉄のクリップ　④(　　)ペットボトル(プラスチック)

図２

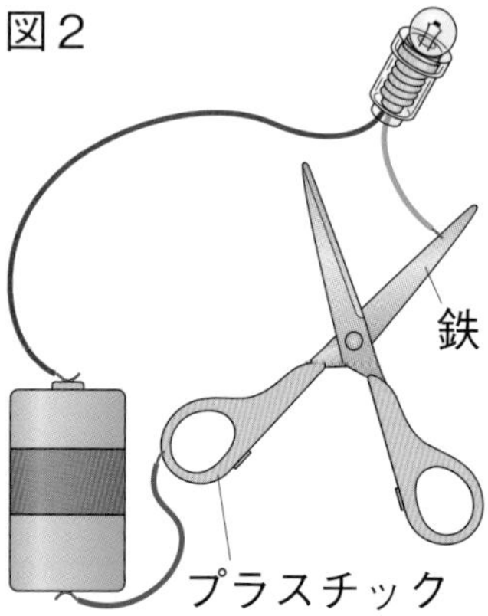
鉄
プラスチック

(2) 電気が通るものは，何でできていますか。

(　　　　　　　　)

(3) 右の図２のようにはさみをつなぐと，電気は通りますか，通りませんか。

(　　　　　　　　)

[2] **次の図の㋐，㋑，㋒のように，空きかん，どう線，かん電池をつなぐと，電気が通ったものが１つだけありました。あとの問いに答えましょう。**

㋐

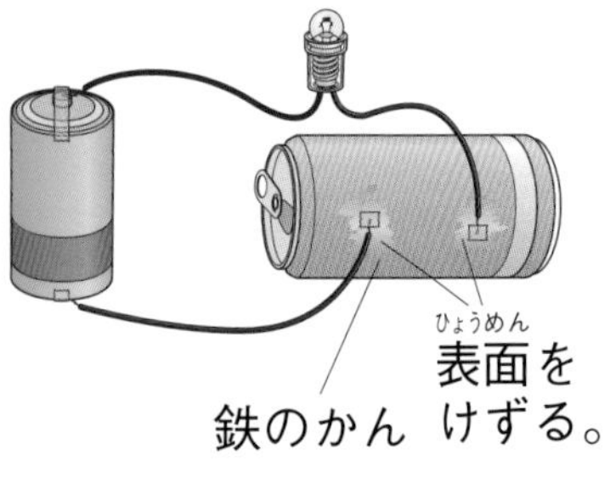
表面をけずる。
鉄のかん

㋑

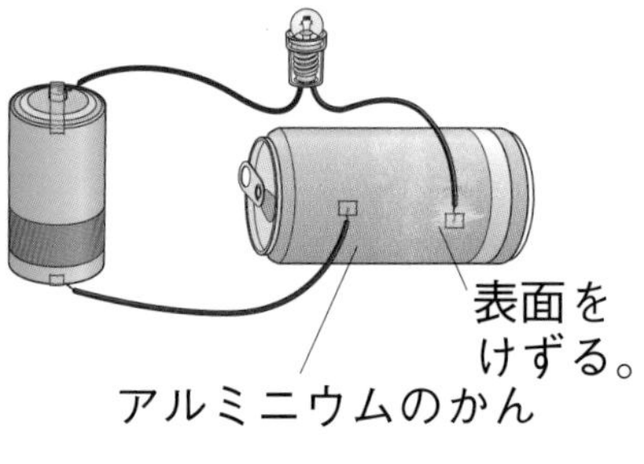
表面をけずる。
アルミニウムのかん

㋒

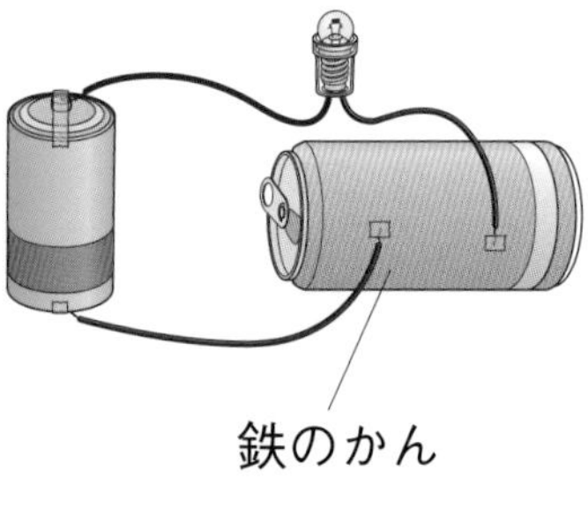
鉄のかん

(1) 電気が通ったものを，㋐，㋑，㋒から選びましょう。(　　　)

(2) 図で，金ぞくでないものに○をつけましょう。

①(　　)鉄　②(　　)アルミニウム

③(　　)かんの表面にぬってあるもの(とりょう)

ヒント　[1](1)回路ができて電気が通ると，豆電球に明かりがつきます。

●じしゃくにつくものについて，言葉や図をなぞりましょう。

じしゃくにつくもの

鉄 は，じしゃくに引きつけられる。銅，アルミニウム，紙，木，ガラス，

プラスチック，ゴムなどはじしゃくに 引きつけられない 。

チャレンジ！

じしゃくに引きつけられるものに○，引きつけられないものに×をつけよう。

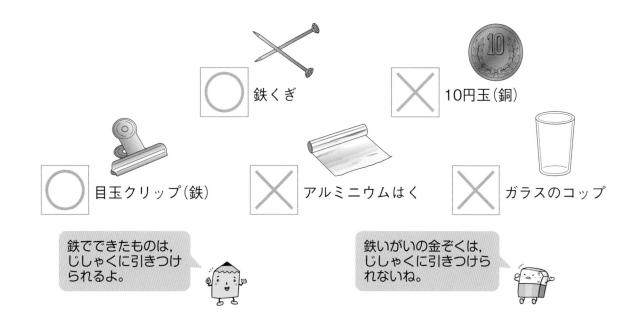

○ 鉄くぎ

× 10円玉（銅）

○ 目玉クリップ（鉄）

× アルミニウムはく

× ガラスのコップ

鉄でできたものは，じしゃくに引きつけられるよ。

鉄いがいの金ぞくは，じしゃくに引きつけられないね。

　じしゃくは， はなれた ものも引きつ

ける。はさみの持つところ（プラスチックの中に

鉄があるところ）にじしゃくを近づけると，中

の 鉄 が引きつけられる。

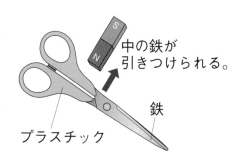

中の鉄が
引きつけられる。

鉄

プラスチック

1 右の図のように，いろいろなものにじしゃくを近づけて，じしゃくに引きつけられるかどうか調べます。次の問いに答えましょう。

じしゃく

調べるもの

(1) じしゃくに引きつけられるものに○，引きつけられないものに×をつけましょう。

①(　　　)1円玉(アルミニウム)　　②(　　　)紙コップ

③(　　　)鉄くぎ　　④(　　　)ペットボトル(プラスチック)

(2) じしゃくに引きつけられるものは，何でできていますか。

(　　　　　　　　　　　　　　　)

2 次の図1や図2のようにすると，鉄のクリップがじしゃくに引きつけられました。あとの問いに答えましょう。

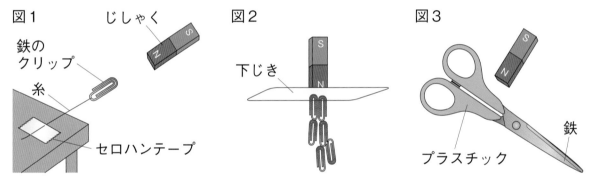

図1　じしゃく

鉄のクリップ

糸

セロハンテープ

図2　下じき

図3　プラスチック　鉄

(1) 図1からわかることに，○をつけましょう。

①(　　　)じしゃくと鉄がはなれていても，じしゃくは鉄を引きつける。

②(　　　)じしゃくと鉄がはなれていると，じしゃくは鉄を引きつけない。

(2) 図2からわかることに，○をつけましょう。

①(　　　)じしゃくと鉄の間にものがあると，じしゃくは鉄を引きつけない。

②(　　　)じしゃくと鉄の間にものがあっても，じしゃくは鉄を引きつける。

(3) 図3では，じしゃくははさみを引きつけますか，引きつけませんか。

(　　　　　　　　　　　　　　　)

ヒント　**2**(3)図3で，じしゃくを近づけたプラスチックの部分の中には，鉄があります。

じしゃくのせいしつ

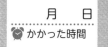

🔵 じしゃくのせいしつについて，言葉や図をなぞりましょう。

じしゃくのせいしつ

じしゃくで，鉄を強く引きつけるところを 極 といい， N極 と

S極 がある。ちがう極どうしは 引き合い ，同じ極どうしは

しりぞけ合う 。

チャレンジ！
じしゃくが動く向きをなぞろう。

N極とS極はちがう極だから，引き合うね。

ちがう極どうし

| S | N | | N | S |

→　←　　→　←

同じ極どうし

| S | S | | N | N |

←　→　　←　→

S極とS極は同じ極だから，しりぞけ合うね。

地球とじしゃく
地球は，北極にS極，南極にN極がある大きなじしゃくと考えることができる。方位じしんのN極がいつも北をさすのは，北極のS極と引き合うからである。

31

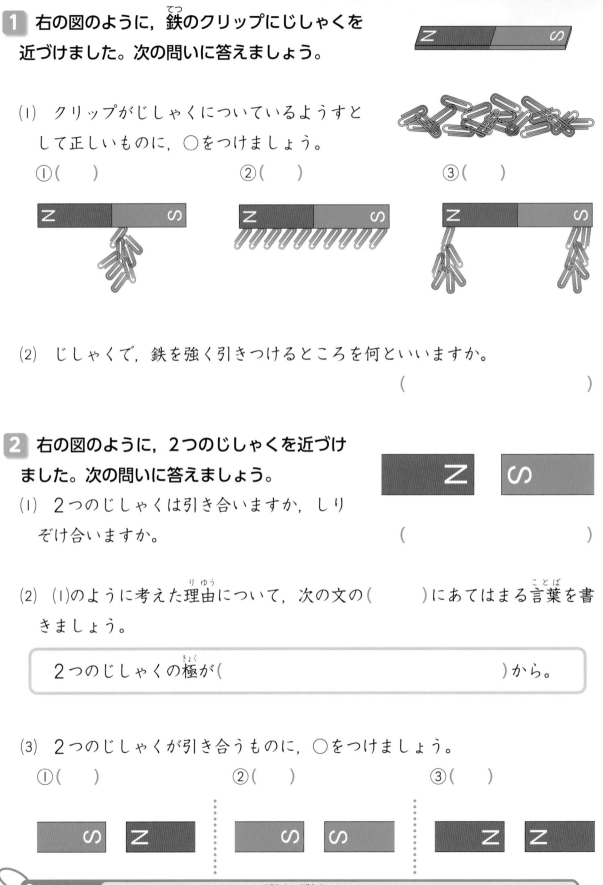

1 右の図のように，鉄のクリップにじしゃくを
近づけました。次の問いに答えましょう。

(1) クリップがじしゃくについているようすと
して正しいものに，○をつけましょう。

　①（　　）　　　　②（　　）　　　　③（　　）

(2) じしゃくで，鉄を強く引きつけるところを何といいますか。

（　　　　　　　　　　　　　　）

2 右の図のように，2つのじしゃくを近づけ
ました。次の問いに答えましょう。

(1) 2つのじしゃくは引き合いますか，しり
ぞけ合いますか。　　　　　　　（　　　　　　　　　　　）

(2) (1)のように考えた理由について，次の文の（　　）にあてはまる言葉を書
きましょう。

　2つのじしゃくの極が（　　　　　　　　　　　　　　　）から。

(3) 2つのじしゃくが引き合うものに，○をつけましょう。

　①（　　）　　　　②（　　）　　　　③（　　）

ヒント　**1** ぼうじしゃくは，両はしにN極とS極があります。

17 じしゃくのはたらき①

● じしゃくのはたらきについて，言葉や図をなぞりましょう。

じしゃくにつけた鉄

じしゃくに │ 鉄 │ をしばらくつけておくと，鉄は │ じしゃく │ になる。

じしゃくになった鉄は，ほかの鉄を │ 引きつける │ 。

チャレンジ！
鉄のクリップが動く向きをなぞろう。

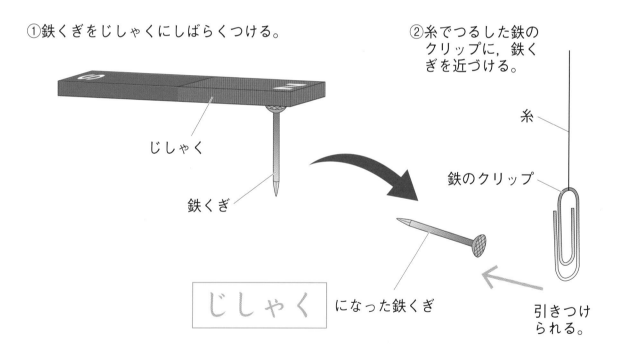

①鉄くぎをじしゃくにしばらくつける。

じしゃく

鉄くぎ

② 糸でつるした鉄の
クリップに，鉄く
ぎを近づける。

糸

鉄のクリップ

│ じしゃく │ になった鉄くぎ

引きつけ
られる。

鉄くぎはじしゃく
になったから，鉄
を引きつけるよ。

じしゃくは鉄と
はなれていても，
鉄を引きつける
ね。

1 右の図1のように，鉄(てつ)くぎをじしゃくにしばらくつけました。次の問いに答えましょう。

図1

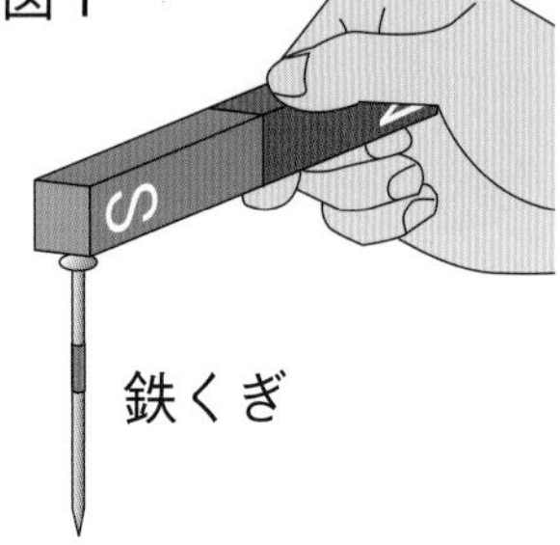

(1) 図1の鉄くぎをじしゃくからはずして，図2のように鉄のクリップに近づけると，鉄のクリップはどうなりますか。正しいものに○をつけましょう。

①(　　)鉄くぎから遠ざかる。

②(　　)鉄くぎに近づく。

③(　　)まったく動(うご)かない。

図2

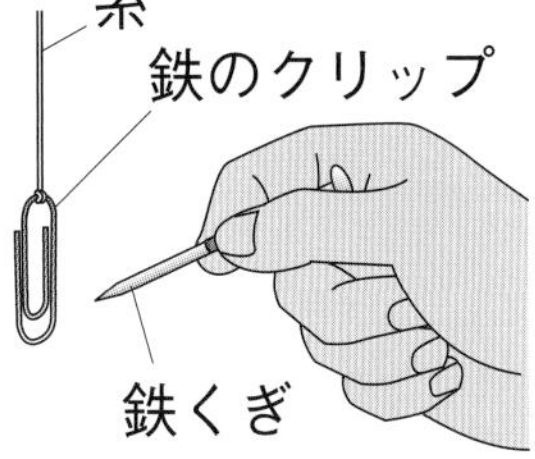

(2) (1)のようになるのは，鉄くぎが何になったからですか。　(　　　　　　　　　　)

(3) 図2の鉄くぎを1円玉(アルミニウム)に近づけるとどうなりますか。正しいものに○をつけましょう。

①(　　)1円玉が鉄くぎに引きつけられる。

②(　　)1円玉は鉄くぎに引きつけられない。

2 右の図のように，㋐と㋑の鉄くぎをじしゃくにしばらくつけました。次の問いに答えましょう。

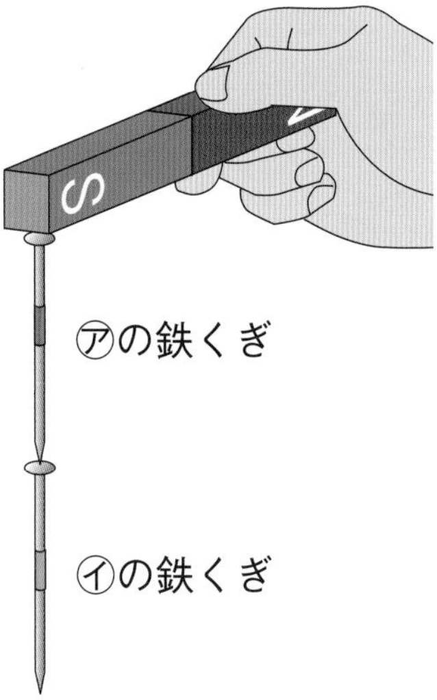

(1) ㋐の鉄くぎをじしゃくからはなすと，㋑の鉄くぎはどうなりますか。正しいものに○をつけましょう。

①(　　)㋐の鉄くぎについたままになる。

②(　　)㋐の鉄くぎからはなれて落(お)ちる。

(2) (1)のようになる理由(りゆう)について，次の文の(　　　)にあてはまる言葉(ことば)を書きましょう。

㋐の鉄くぎが(　　　　　　　　　　　　　　　　　　)から。

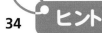

ヒント 1(1)じしゃくにしばらくつけた鉄くぎには，鉄を引きつけるはたらきがあります。

じしゃくのはたらき②

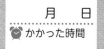
● じしゃくのはたらきについて，言葉や図をなぞりましょう。

じしゃくになった鉄

じしゃくにつけて，じしゃくになった鉄には，ふつうのじしゃくと

同じ　ように，　N極　と　S極　がある。

チャレンジ！
②の方位じしんのN極をぬりつぶそう。

①鉄くぎをじしゃくにつける。　　②鉄くぎに方位じしんを近づける。

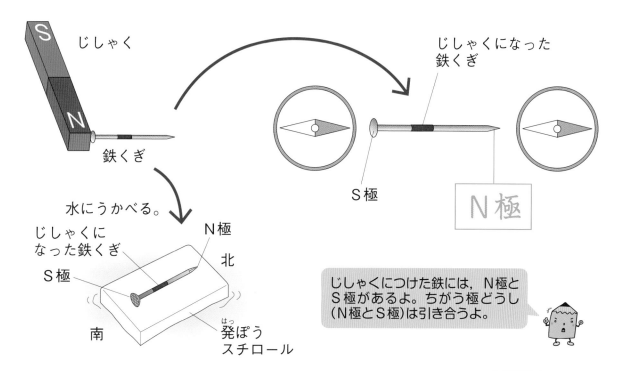

じしゃく

鉄くぎ

水にうかべる。

じしゃくに
なった鉄くぎ

S極

N極

北

南

発ぽう
スチロール

じしゃくになった
鉄くぎ

S極

N極

じしゃくにつけた鉄には，N極と
S極があるよ。ちがう極どうし
（N極とS極）は引き合うよ。

じしゃくになった鉄くぎを自由に動けるようにすると，N極が　北　，S極

が　南　をさして止まる。

1 右の図のように，じしゃくにしばら
くつけた鉄くぎに，方位じしんを近づ
けました。次の問いに答えましょう。

(1) 鉄くぎの㋐の部分は，じしゃくの
何極になっていますか。

　　　　　　　（　　　　　　　　　　）

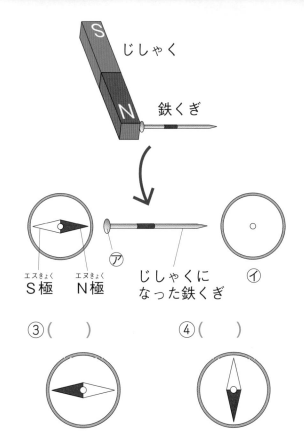

(2) 方位じしん㋑の向きはどうなりま
すか。正しいものに○をつけましょ
う。

①（　　　）　　　②（　　　）　　　③（　　　）　　　④（　　　）

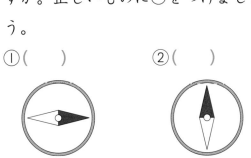

2 次の図1のように，じしゃくに鉄くぎをしばらくつけたあと，図2のように
して水にうかべると，㋐が南，㋑が北をさして止まりました。あとの問いに答
えましょう。

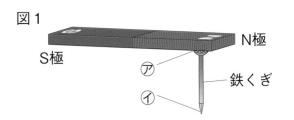

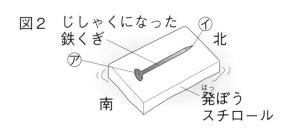

(1) じしゃくのN極になっているのは，㋐と㋑のどちらですか。（　　　　　　）

(2) 図2の㋑に方位じしんを近づけると，方位じしんはどうなりますか。正し
いものに○をつけましょう。

①（　　　）方位じしんのN極が，㋑のほうをさす。

②（　　　）方位じしんのS極が，㋑のほうをさす。

③（　　　）方位じしんのはりがくるくる回る。

ヒント ■じしゃくにつけた鉄くぎはじしゃくになるので，一方にN極ができ，もう一方にS
極ができます。

ものの形と重さ①

● ものの重さについて，言葉や図をなぞりましょう。

ものの重さ

重さのたんいは グラム で，1グラムを 1g と書く。

1000グラムを1 キログラム といい，1kg と書く。

チャレンジ！

台ばかりのはりをなぞろう。

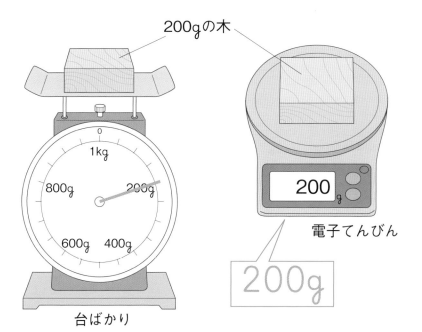

200gの木

台ばかり

電子てんびん

200g

台ばかりや電子てんびんは，水平なところ（平らなところ）に置いて使おう。

台ばかりは，ものをのせる前に，はりが 0 をさしていることをたしかめ

る。電子てんびんは，ものをのせる前に，数字を 0 にしておく。紙をのせ

るときは，紙をのせた あと に，数字を0にする。

[1] 右の図のようにして，台ばかりでねん土の重さをはかりました。次の問いに答えましょう。

(1) 台ばかりはどのようなところに置いて使いますか。

（　　　　　　　　　　）

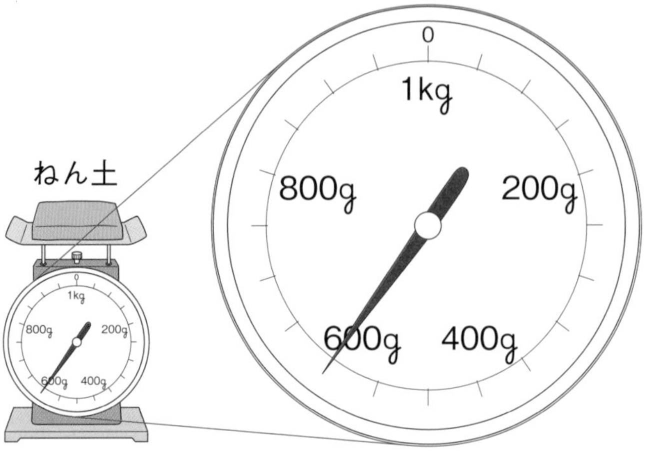

(2) 図のねん土の重さを，たんいの記号もつけて書きましょう。

（　　　　　　　　　　）

[2] 次の図のような順じょでさとうだけの重さをはかると，20g でした。あとの問いに答えましょう。

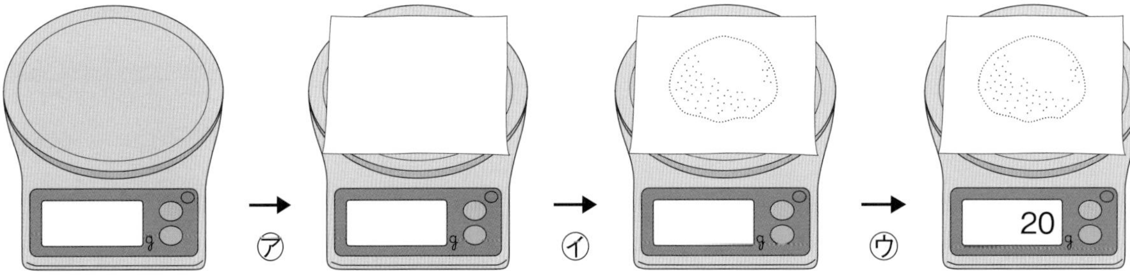

電子てんびんを置く。　紙をのせる。　さとうをのせる。　値を読む。

(1) 重さのたんいの「g」は，何と読みますか。

（　　　　　　　　　　）

(2) さとうだけの重さをはかるとき，電子てんびんの数字を「0」にするのは，いつですか。㋐，㋑，㋒から選びましょう。

（　　　　）

(3) 1kg は何 g ですか。　（　　　　　　　　　　）

ヒント [2](2)紙の重さをはからないようにします。

ものの形と重さ②

月　日
かかった時間
分

● ものの形と重さについて，言葉や図をなぞりましょう。

ものの形と重さ

ものの　形　を変えても，ものの重さは　変わらない　。ものを小

さく分けても，すべて集めれば，重さは　変わらない　。

チャレンジ！
台ばかりのはりをなぞろう。

ものの形を変えたり，小さ
く分けたりしても，重さは
変わらないね。

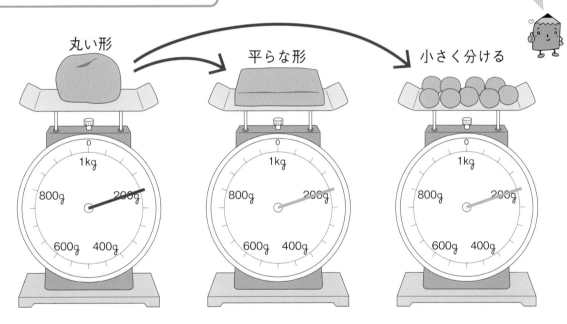

丸い形　　　　　　　平らな形　　　　　　小さく分ける

ものの置き方を変えても，ものの

重さは　変わらない　。

39

[1] 次の図のように，アルミニウムはくの重さをはかりました。あとの問いに答えましょう。

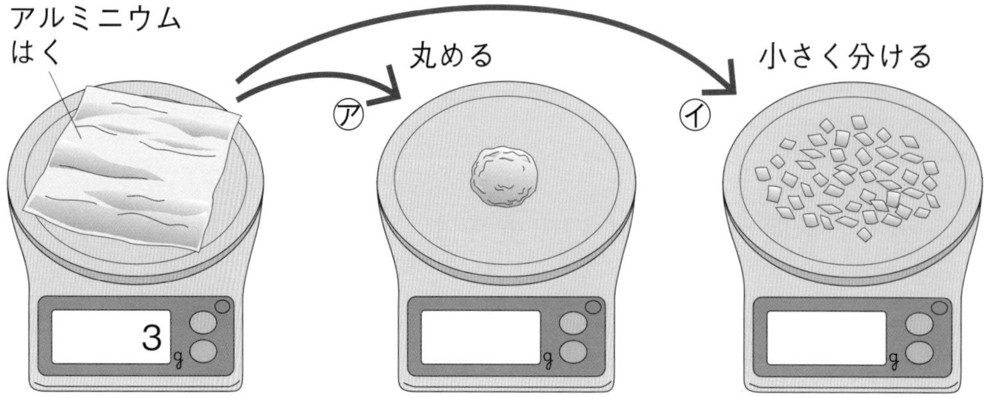

(1) [ア]と[イ]ではかった重さは，それぞれ何gですか。

[ア]（　　　　　　）　[イ]（　　　　　　）

(2) [ア]のように，ものの形を変えると，ものの重さはどうなりますか。

（　　　　　　）

(3) [イ]からわかることで，正しいものに○をつけましょう。

①（　　）ものを小さく分けても，すべて集めれば，重さは変わらない。

②（　　）ものを小さく分けると，すべて集めても，重さは小さくなる。

[2] 右の図のようにして，ねん土の重さをはかりました。次の問いに答えましょう。

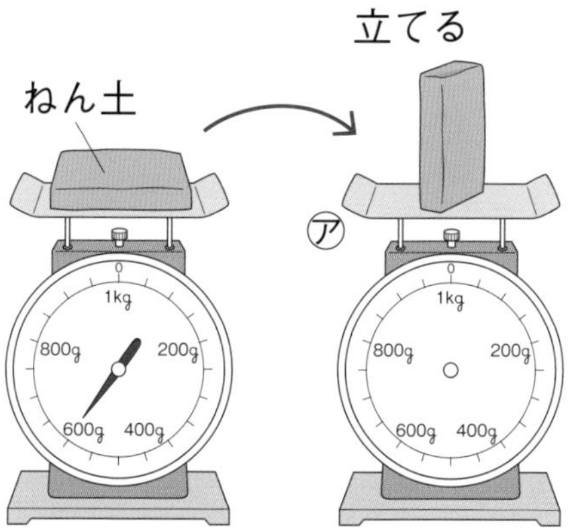

(1) [ア]ではかった重さで，正しいものに○をつけましょう。

①（　　）600g

②（　　）600gより軽い。

③（　　）600gより重い。

(2) ものの置き方を変えると，ものの重さはどうなりますか。

（　　　　　　）

ヒント [1](3)ものを小さく分けることは，ものの形を変えることと同じといえます。

21 ものの体積と重さ

月　日
⏰ かかった時間
　　　　分

● ものの種類と重さについて，言葉や図をなぞりましょう。

ものの種類と重さ

ものの大きさ(かさ)のことを 体積 という。体積が同じでも，ものの

種類 によって，重さは ちがう 。

チャレンジ！

てんびんが動くようす(→)をなぞろう。

同じ体積のものの重さをくらべる。

木　　アルミニウム　　鉄

てんびんは，重いほうが下がるよ。

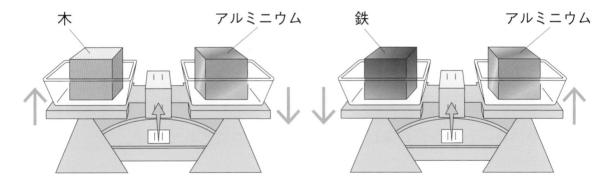

同じ体積でくらべると，アルミニウムは，木よりも 重く ，鉄よりも

軽い ことがわかる。重いものから順にならべると， 鉄 ，

アルミニウム ， 木 になる。

41

1 右の図のように，同じよう器ですり切り1ぱいのさとうとしおの重さをはかりました。次の問いに答えましょう。

(1) さとうとしおをすり切りにした理由について，（　　　）にあてはまる言葉を書きましょう。

> さとうとしおの（　　　　　　　　　　　　　）を同じにするため。

(2) すり切り1ぱいの重さが重いのは，さとうとしおのどちらですか。

（　　　　　　　　　）

2 次の図のように，同じ体積の木，鉄，アルミニウム，プラスチックの重さをはかりました。あとの問いに答えましょう。

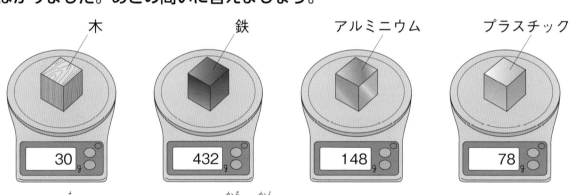

(1) 手に持ったとき，いちばん軽く感じるものはどれですか。

（　　　　　　　　　）

(2) 体積が同じとき，いちばん重いものはどれですか。

（　　　　　　　　　）

(3) ものの種類と重さについて，正しいものに○をつけましょう。

① （　　）体積が同じなら，ものの種類がちがっても，重さは同じ。

② （　　）体積が同じでも，ものの種類によって，重さはちがう。

ヒント **1**(1)ものの重さをくらべるときは，ものの体積（かさ）を同じにします。

22 かん電池のはたらき①

かかった時間
分

●かん電池のはたらきについて，言葉や図をなぞりましょう。

電気の流れ

電気の流れを　電流　という。電流は，かん電池の　＋極　から

一極　に向かって流れる。電流の流れる向きは，かんいけん流計で調べる

ことができる。

> かんいけん流計がこわれることがあるから，
> かん電池だけをつないではいけないよ。

チャレンジ！
> 回路に電流が流れる向きをなぞろう。

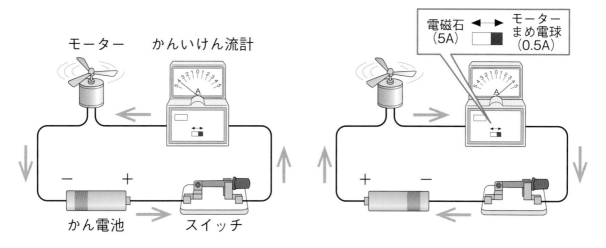

【かんいけん流計の使い方】

かんいけん流計は，　水平なところ　に置いて使う。はじめは，切

りかえスイッチを「電磁石（5 A）」のほうにする。　アンペア　（記号 A）

は，電流の大きさを表すたんいである。かんいけん流計のはりは，電流が流れて

いく向きにふれる。

1 右の図1のような回路をつくると，モーターが回り，かんいけん流計のはりがふれました。次の問いに答えましょう。

図1

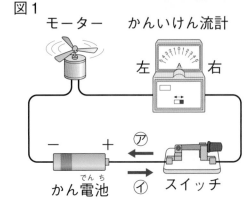

(1) モーターが回ったのは，モーターに電気が流れたためです。電気の流れを何といいますか。　（　　　　　　　　　）

(2) 電気が流れた向きは，図1の㋐と㋑のどちらですか。　（　　　　　　　）

(3) かんいけん流計のはりがふれた向きは，図1の右と左のどちらですか。
（　　　　　　　）

(4) 図2のように，かん電池の向きを図1とぎゃくにすると，かんいけん流計のはりはどうなりますか。正しいものに○をつけましょう。

図2

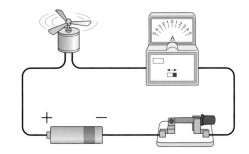

①（　　）図1と同じ向きにふれる。
②（　　）図1とぎゃくの向きにふれる。

(5) (4)のようになった理由について，次の文の（　　）にあてはまる言葉を書きましょう。

電気の流れる向きが（　　　　　　　　　　　　　）から。

(6) かんいけん流計の使い方で，正しいものには○，正しくないものには×をつけましょう。
①（　　）はじめは，切りかえスイッチを「電磁石（5 A）」にする。
②（　　）かん電池だけをかんいけん流計につないでもよい。

ヒント　**1**(6)切りかえスイッチには，「電磁石(5A)」と「まめ電球(0.5A)」があります。

23 かん電池のはたらき②

● かん電池のはたらきについて，言葉や図をなぞりましょう。

電流の向き

かん電池をつなぐ向きをぎゃくにすると，回路に流れる 電流 の向きが

ぎゃくになり，モーターの回る向きも ぎゃく になる。

回路は記号（電気用図記号）を使って表すことができる。

どう線は線で
表すよ。

回路図

電気用図記号を使って回路を
表した図を，回路図という。

チャレンジ！

道具や回路を図で表そう。

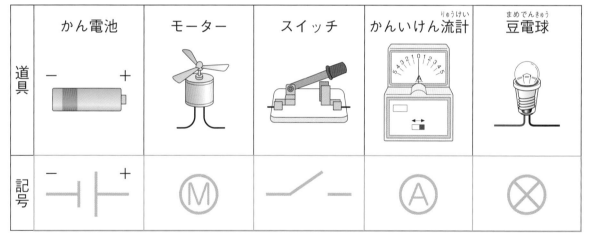

	かん電池	モーター	スイッチ	かんいけん流計	豆電球
道具					
記号		Ⓜ		Ⓐ	⊗

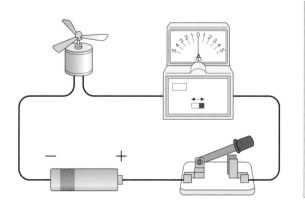

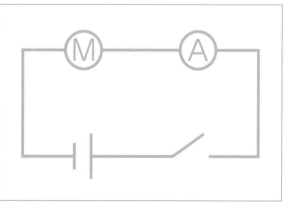

[1] 右の図のような回路をつくってスイッチを入れると，モーターが回りました。次の問いに答えましょう。

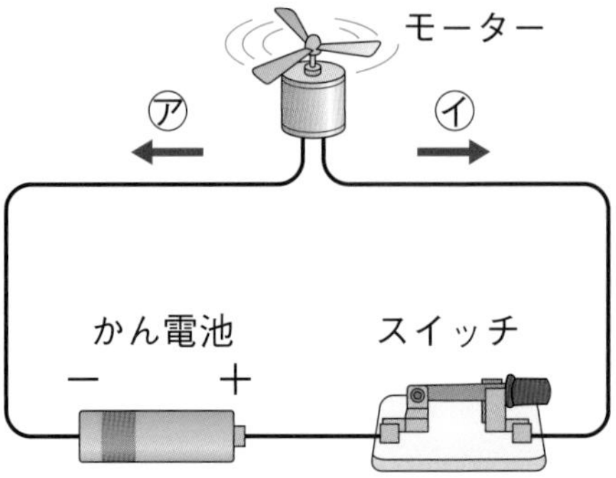

(1) 電流が流れた向きは，㋐と㋑のどちらですか。　（　　　　　）

(2) 図のかん電池の向きをぎゃくにすると，モーターの回る向きはどうなりますか。　（　　　　　　　　　　　　　　）

(3) (2)のようになった理由を答えましょう。

（　　　　　　　　　　　　　　　　　　　　　　　　　）

[2] 回路を表す記号（電気用図記号）について，次の問いに答えましょう。

(1) 次の表の道具を，それぞれ記号で表しましょう。

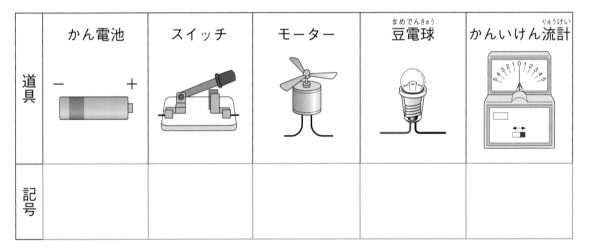

	かん電池	スイッチ	モーター	豆電球	かんいけん流計
道具	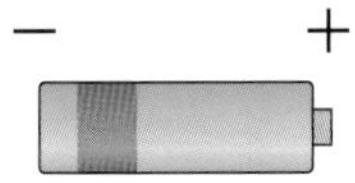	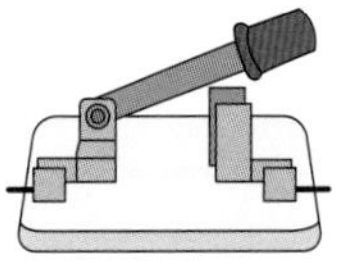	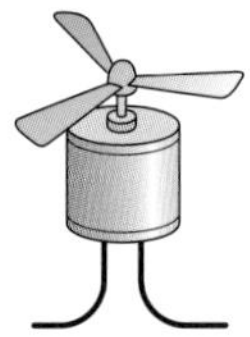	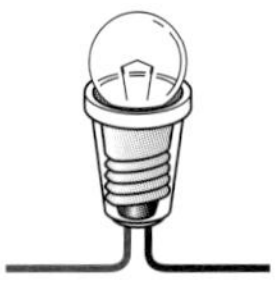	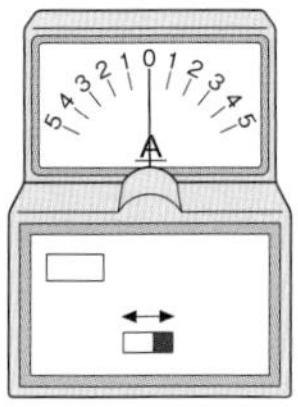
記号					

(2) 次の回路を，記号を使って表しましょう。

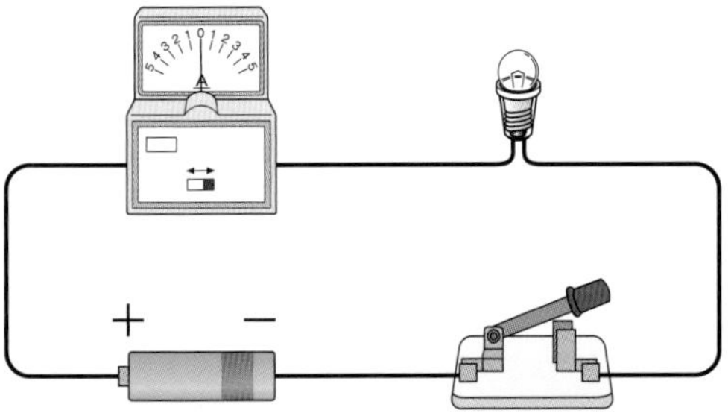

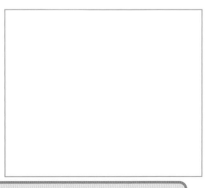

ヒント [1](1)電流は，かん電池の＋極から－極に向かって流れます。

🔵 かん電池のつなぎ方について，言葉や図をなぞりましょう。

かん電池のつなぎ方

かん電池のちがう極どうしをつなぐつなぎ方を

| 直列つなぎ | という。

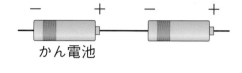

かん電池

かん電池の同じ極どうしをつなぐつなぎ方を

| へい列つなぎ | という。

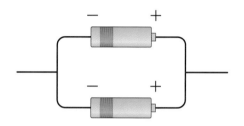

チャレンジ！

かん電池を線でつないで，直列つなぎやへい列つなぎにしよう。

直列つなぎ

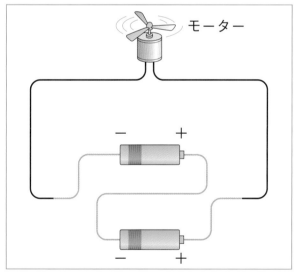

モーター

へい列つなぎ

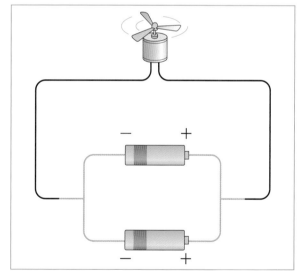

[1] 右の図のような回路をつくってスイッチを入れると，モーターが回ります。次の問いに答えましょう。

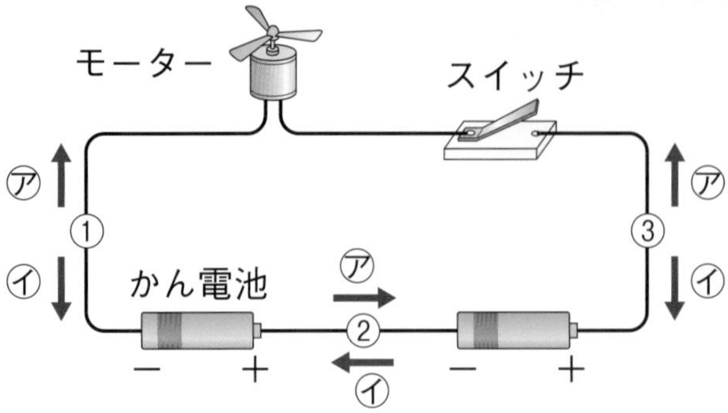

(1)　図のようなかん電池のつなぎ方を何といいますか。

（　　　　　　　　　　）

(2)　スイッチを入れたとき，①～③で流れる電流の向きは，それぞれ㋐と㋑のどちらですか。　①（　　　　）　②（　　　　）　③（　　　　）

[2] 右の図1のような回路をつくってスイッチを入れると，モーターが回ります。次の問いに答えましょう。

図1

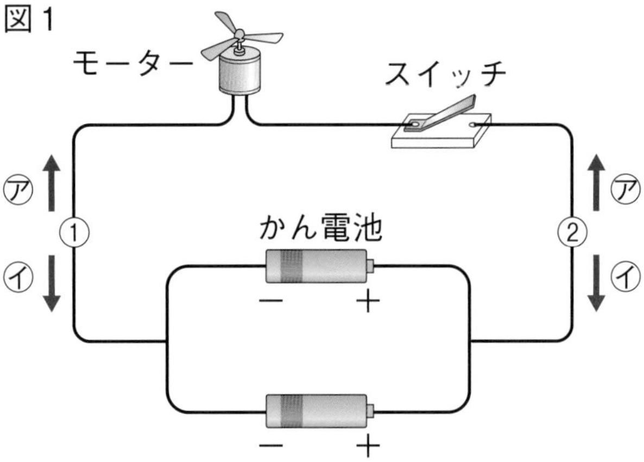

(1)　図1のようなかん電池のつなぎ方を何といいますか。

（　　　　　　　　　　）

(2)　スイッチを入れたとき，①，②で流れる電流の向きは，それぞれ㋐と㋑のどちらですか。

①（　　　　）

②（　　　　）

(3)　図1の回路を，記号(電気用図記号)を使って図2に表しましょう。

図2

ヒント　[2](1)かん電池の同じ極どうしがつながっています。

25 かん電池のはたらき④

●電気のはたらきについて，言葉や図をなぞりましょう。

電気のはたらき

かん電池2こを　直列　つなぎにすると，かん電池1このときより流れる

電流は　大きく　なる。かん電池2こを　へい列　つなぎにすると，

かん電池1このときと流れる電流の大きさは　変わらない　。

チャレンジ！
かんいけん流計のはりをなぞって，電流の大きさをくらべよう。

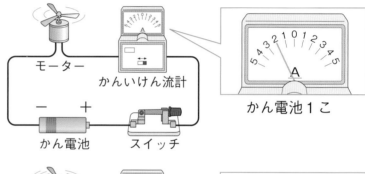

モーター
かんいけん流計
かん電池　スイッチ

かん電池1こ

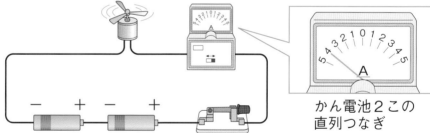

かん電池2この
直列つなぎ

回路に流れる電流が大きいほど，モーターの回る速さは　速く　なる。

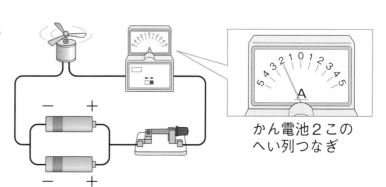

かん電池2この
へい列つなぎ

49

[1] 次の図のような回路をつくって電流を流しました。あとの問いに答えましょう。

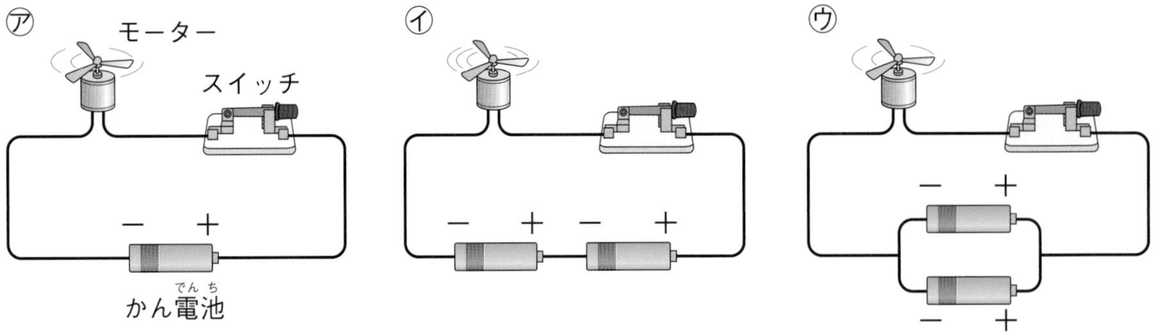

(1) ㋑は㋐にくらべて，モーターに流れる電流の大きさは大きいですか，小さいですか。 (　　　　　　　　　　)

(2) ㋑は㋐にくらべて，モーターの回る速さは速いですか，おそいですか，同じくらいですか。 (　　　　　　　　　　)

(3) ㋒は㋐にくらべて，モーターの回る速さは速いですか，おそいですか，同じくらいですか。 (　　　　　　　　　　)

(4) (3)のようになる理由を答えましょう。

(　　　　　　　　　　　　　　　　　　　　　　　　)

[2] 次の図のような回路に流れる電流を，かんいけん流計で調べました。㋑は㋐にくらべて，はりのふれる向きと，はりのふれ方はそれぞれどうなりますか。

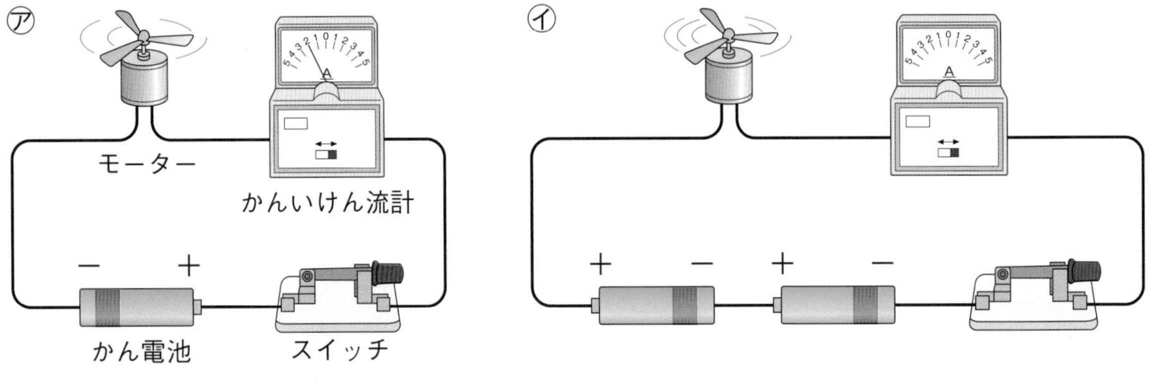

はりのふれる向き(　　　　　　　　　　)

はりのふれ方(　　　　　　　　　　)

ヒント [2]かん電池の向きと，かん電池のつなぎ方に注目しましょう。

とじこめた空気

● とじこめた空気について，言葉や図をなぞりましょう。

とじこめた空気

とじこめた空気をおすと，おしちぢめられて体積が　小さく　なる。お

しちぢめられた空気は，もとの体積に　もどろう　とする。空気の体積

が小さくなるほど，おし返される手ごたえが　大きく　なる。

チャレンジ！

空気をおしちぢめたあとのピストンの位置をなぞろう。

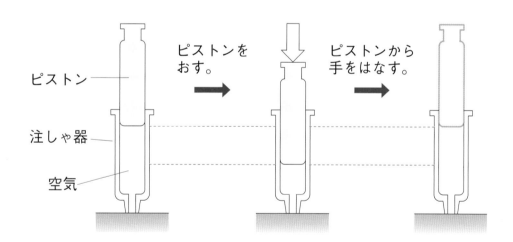

ピストン

注しゃ器

空気

ピストンを
おす。

ピストンから
手をはなす。

注しゃ器に空気をとじこめてピストンをおすと，空気の体積が小さくなって，

ピストンは　下がる　。ピストンから手をはなしておすのをやめると，空

気がもとの体積にもどり，ピストンがもとの位置に　もどる　。

[1] 右の図の㋐のように，注しゃ器に空気をとじこめてピストンをおすと，㋑のようにピストンが下がりました。次の問いに答えましょう。

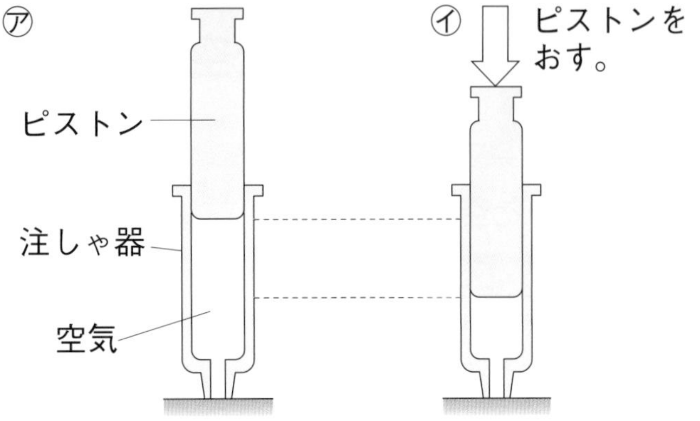

(1) ㋑ではピストンをおしたときに，手ごたえがありました。ピストンを上におし返しているものは何ですか。

(　　　　　　　　　　)

(2) ㋑でピストンが下がったのは，注しゃ器の中の空気の体積がどうなったからですか。　(　　　　　　　　　　)

(3) ㋑で，ピストンをおすのをやめると，ピストンの位置はどうなりますか。正しいものに○をつけましょう。

①(　　)㋐の位置にもどる。　　②(　　)㋑の位置のままになる。

③(　　)㋑の位置より下がる。

(4) (3)のようになる理由について，次の文の(　　)にあてはまる言葉を書きましょう。

注しゃ器の中の空気の体積が(　　　　　　　　　　)から。

(5) ㋑のときよりも強くピストンをおすと，ピストンの位置と手ごたえはどうなりますか。それぞれ正しいものに○をつけましょう。

●ピストンの位置

①(　　)㋑の位置と同じ。　　②(　　)㋑の位置より下がる。

●手ごたえ

①(　　)㋑のとき同じ。　　②(　　)㋑のときより大きい。

ヒント [1](5)空気をおしちぢめるほど，空気がおし返す力が大きくなります。

とじこめた水

●とじこめた水について，言葉や図をなぞりましょう。

とじこめた水

とじこめた水をおしても，体積は 変わらない 。

チャレンジ！

とじこめた水をおしたときのピストンの位置をなぞろう。

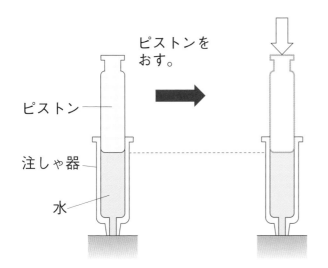

ピストンを
おす。

ピストン

注しゃ器

水

水の体積が変わらないから，
ピストンは下がらないよ。

注しゃ器に水をとじこめてピストンをおしても，水の体積は

変わらない ので，ピストンの位置も 変わらない 。空気

はおしちぢめることが できる が，水はおしちぢめることが

できない 。

1 右の図のように，注しゃ器に水をとじこめて，ピスト

ンをおしました。次の問いに答えましょう。

(1) ピストンの位置は，はじめにくらべてどうなります

　　か。正しいものに○をつけましょう。

　　①(　　　)下がる。　　②(　　　)変わらない。

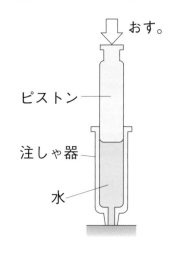

(2) (1)のようになる理由について，次の文の(　　　)に

　　あてはまる言葉を書きましょう。

　　　注しゃ器の中の水の体積が(　　　　　　　　　　　　　　　)から。

2 右の図のように，注しゃ器に水と空気を半分ずつとじこ

め，はじめの位置に印をつけて，ピストンをおしました。

次の問いに答えましょう。

(1) ピストンをおすとどうなりますか。正しいものに○を

　　つけましょう。

　　①(　　)　　②(　　)　　③(　　)　　④(　　)

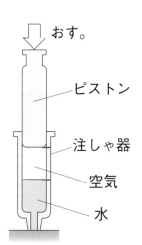

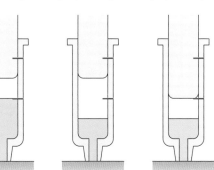

(2) (1)のようになるのはなぜですか。正しいものに○をつけましょう。

　　①(　　　)水と空気の体積が小さくなったから。

　　②(　　　)水と空気の体積が変わらなかったから。

　　③(　　　)水の体積は小さくなったが，空気の体積は変わらなかったから。

　　④(　　　)水の体積は変わらなかったが，空気の体積は小さくなったから。

54　**ヒント**　　**2**(1)空気はおしちぢめることができますが，水はおしちぢめることができません。

28 空気の温度と体積①

●空気の体積について，言葉や図をなぞりましょう。

空気の温度と体積の変化

空気はあたためると，体積が 大きく なる。

チャレンジ！

試験管をあたためたときの，せっけん水のまくをなぞろう。

実験 試験管の口にせっけん水のまくをはり，手でにぎってあたためる。

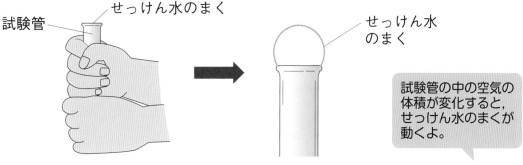

せっけん水のまく

試験管

せっけん水のまく

試験管の中の空気の体積が変化すると，せっけん水のまくが動くよ。

結果 試験管をあたためると，せっけん水のまくが

ふくらんだ 。

理由 試験管の中の空気の体積が 大きく なったから。

あたためられた空気の動き

空気があたためられて体積が大きくなると，同じ体積あたりの重さが軽くなる。このため，あたためられた空気は上のほうに動く。

1 右の図のように，せっけん水のまくをはった試験管を，手でにぎってあたためました。次の問いに答えましょう。

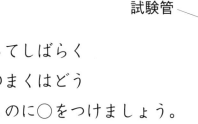

せっけん水のまく

試験管

(1) 試験管を手でにぎってしばらくすると，せっけん水のまくはどうなりますか。正しいものに○をつけましょう。

① (　　) ふくらむ。　② (　　) へこむ。　③ (　　) 変わらない。

せっけん水のまく

せっけん水のまく

(2) (1)のようになったのはなぜですか。正しいものに○をつけましょう。

① (　　) 試験管の中の空気の体積が小さくなったから。

② (　　) 試験管の中の空気の体積が大きくなったから。

③ (　　) 試験管の中の空気の体積が変わらなかったから。

2 右の図のように，へこんだピンポン玉があります。次の問いに答えましょう。

へこんだピンポン玉

(1) ピンポン玉をもとの形にもどすには，どうすればよいですか。正しいものに○をつけましょう。

① (　　) 湯につける。　　　② (　　) 冷たい水につける。

(2) (1)で選んだ方法で，ピンポン玉の形がもとにもどるのはなぜですか。次の文の (　　) にあてはまる言葉を書きましょう。

ピンポン玉の中の空気の体積が (　　　　　　　　　　　　)。

ヒント　**2** ピンポン玉の中には空気があります。あたためられると，ピンポン玉の中の空気の体積が変化します。

29 空気の温度と体積②

● 空気の体積について，言葉や図をなぞりましょう。

空気の温度と体積の変化

空気は，あたためると体積が　大きく　なり，冷やすと体積が

小さく　なる。

チャレンジ！
ガラス管の中のゼリーの位置をなぞろう。

ガラス管の中のゼリーの位置の変化で，空気の体積の変化がわかるよ。

　空気を入れた試験管に，ゴムせんをつけてゼリーを入れたガラス管をさし，ゼリーの位置に印をつける。次に，試験管をあたためたり冷やしたりする。

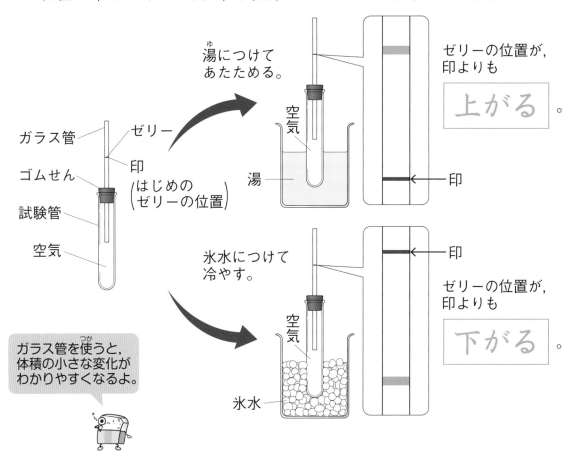

湯につけてあたためる。

空気
湯

ゼリーの位置が，印よりも　上がる。

印

ガラス管　ゼリー

ゴムせん　印（はじめのゼリーの位置）

試験管

空気

氷水につけて冷やす。

空気

印

ゼリーの位置が，印よりも　下がる。

ガラス管を使うと，体積の小さな変化がわかりやすくなるよ。

氷水

1 右の図のように，ゴムせんをつけたガラス管にゼリーを入れて試験管にさしこみ，ゼリーの位置に印をつけました。次に，試験管を湯につけたり，氷水につけたりしました。次の問いに答えましょう。

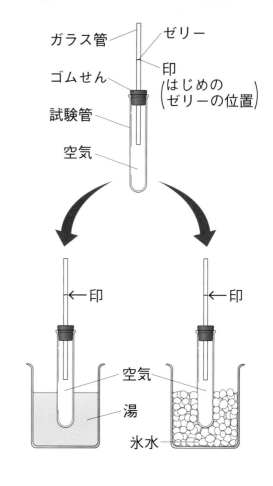

(1) 試験管を湯につけたとき，試験管の中の空気の体積はどうなりますか。

( )

(2) 試験管を湯につけたとき，ゼリーの位置は印にくらべてどうなりますか。

( )

(3) 試験管を氷水につけたとき，ゼリーの位置は印にくらべてどうなりますか。

( )

(4) (3)のようになったのはなぜですか。次の文の( )にあてはまる言葉を書きましょう。

試験管の中の空気の体積が( )から。

(5) 空気をあたためたり冷やしたりしたときの変化をまとめました。次の文の( )にあてはまる言葉を書きましょう。

空気は(①)と体積が大きくなり，(②)と体積が小さくなる。

①( )

②( )

ヒント **1**試験管を湯に入れると，試験管の中の空気があたためられ，氷水に入れると，試験管の中の空気が冷やされます。

● 水の体積について，言葉や図をなぞりましょう。

水の温度と体積の変化

水は，あたためると体積が　大きく　なり，冷やすと体積が

小さく　なる。

チャレンジ！
ガラス管の中の水面の位置をなぞろう。

 ガラス管の中の水面の位置の変化で，水の体積の変化がわかるよ。

　水で満たした試験管にゴムせんをつけたガラス管をさし，水面の位置に印をつける。次に，試験管をあたためたり冷やしたりする。

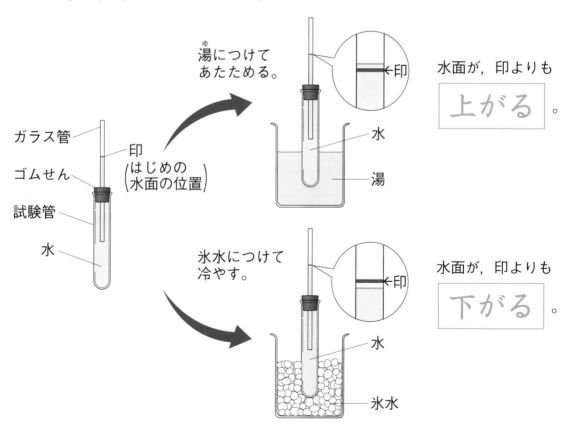

湯につけてあたためる。

←印

水面が，印よりも　上がる　。

ガラス管
印（はじめの水面の位置）
ゴムせん
試験管
水

水
湯

氷水につけて冷やす。

←印

水面が，印よりも　下がる　。

水
氷水

1 右の図のように，水で満たした試験管に
ゴムせんをつけたガラス管をさしこみ，水
面の位置に印をつけました。次に，試験管
を湯につけたり，氷水につけたりしました。
次の問いに答えましょう。

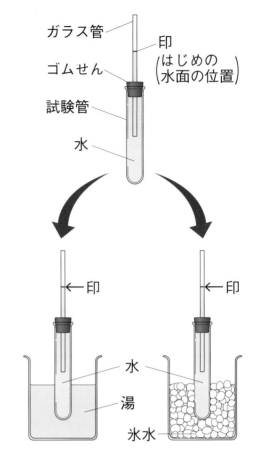

(1) 試験管を湯につけたとき，試験管の中
の水の体積はどうなりますか。

(　　　　　　　　　　　　)

(2) 試験管を湯につけたとき，水面の位置
は印にくらべてどうなりますか。

(　　　　　　　　　　　　)

(3) 試験管を氷水につけたとき，水面の位
置は印にくらべてどうなりますか。

(　　　　　　　　　　　　)

(4) (3)のようになったのはなぜですか。次の文の(　　　)にあてはまる言葉を
書きましょう。

> 試験管の中の水の体積が(　　　　　　　　　　　　　)から。

(5) 水をあたためたり冷やしたりしたときの変化をまとめました。次の文の
(　　　)にあてはまる言葉を書きましょう。

> 水は(　①　)と体積が大きくなり，(　②　)と体積が小さくなる。

①(　　　　　　　　　　　　)

②(　　　　　　　　　　　　)

ヒント **1** 試験管を湯に入れると，試験管の中の水があたためられ，氷水に入れると，試験管の中の水が冷やされます。

31 水の温度と体積②

●空気と水の体積について，言葉や図をなぞりましょう。

空気や水の体積と温度

空気や水は，あたためると体積が　大きく　なり，冷やすと体積が

小さく　なる。このときの体積の変化は，水よりも空気のほうが

大きい　。

チャレンジ！

ガラス管の中のゼリーや水面の位置の変化を表す矢印をなぞろう。

空気を入れた試験管を
湯につけてあたためる。

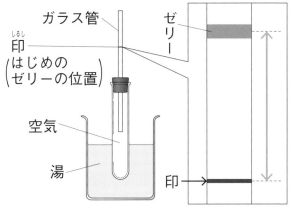

水を入れた試験管を
湯につけてあたためる。

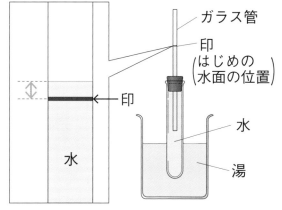

印（はじめの位置）よりゼリーや水面の位置は　上がる　が，その上がり

方はゼリーのほうが　大きい　。これは，水よりも　空気　のほうが，

体積の変化が　大きい　ためである。

61

1

図1のように，空気を入れた試験管㋐と水で満たした試験管㋑をつくりました。次の問いに答えましょう。

図1

- ガラス管
- ㋐ はじめのゼリーの位置に印をつける。
- 空気
- ガラス管
- ㋑ はじめの水面の位置に印をつける。
- 水

(1) 図2のように，試験管㋐，㋑を湯につけてあたためるとどうなりますか。正しいものに○をつけましょう。

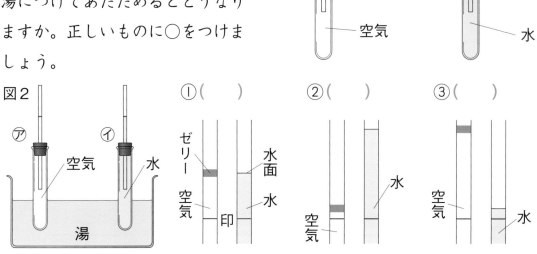

図2

㋐ 空気　㋑ 水　湯

①( )　②( )　③( )

ゼリー　空気　水面　水　印

空気　水

空気　水

(2) 図3のように，試験管㋐，㋑を氷水につけて冷やすとどうなりますか。正しいものに○をつけましょう。

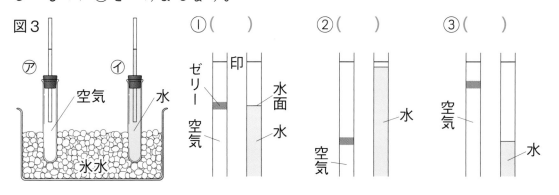

図3

㋐ 空気　㋑ 水　氷水

①( )　②( )　③( )

印　ゼリー　水面　空気　水

空気　水

空気　水

(3) 次の文の( )にあてはまる言葉を書きましょう。

　空気や水は，あたためると体積が(①)なり，冷やすと体積が(②)なる。体積の変化は，空気と水のうち，(③)のほうが大きい。

①( )　②( )　③( )

ヒント　1 (1)空気や水の体積の変化が大きいほど，ゼリーや水面の位置が大きく変化します。

32 金ぞくの温度と体積

月　日
かかった時間
分

●金ぞくの体積について，言葉や図をなぞりましょう。

金ぞくの体積と温度

金ぞくは，あたためると体積が　大きく　なり，冷やすと体積が

小さく　なる。金ぞくの体積の変化は，水や空気の体積の変化とくらべて，

とても　小さい　。

チャレンジ！

熱したときの金ぞくの玉の大きさをなぞろう。

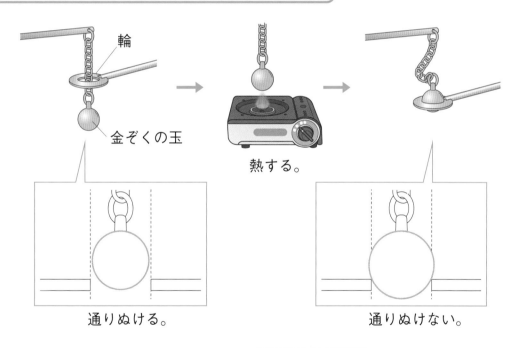

輪

金ぞくの玉

熱する。

通りぬける。　　　　　通りぬけない。

金ぞくの玉を熱すると，玉の体積が　大きく　なり，金ぞくの輪を通り

ぬけなくなる。

1 図1のように，金ぞくの輪（わ）とそれをちょうど通りぬけることができる金ぞくの玉を用意し，図2のように金ぞくの玉を熱（ねっ）すると，図3のように輪を通りぬけなくなりました。あとの問いに答えましょう。

図1　　　　　　　　図2　　　　　　　　図3

輪

金ぞくの玉

(1)　図3のようになった理由（りゆう）について，次の文の（　　　）にあてはまる言葉（ことば）を，それぞれ○でかこみましょう。

> 熱せられた金ぞくの①（　輪　　玉　）の体積（たいせき）が②（　小さく　　大きく　）なったから。

(2)　図3の金ぞくの玉を，ふたたび金ぞくの輪を通りぬけるようにするにはどうすればよいですか。正しいものに○をつけましょう。

①（　　）金ぞくの玉を冷やす（ひ）。

②（　　）金ぞくの玉をあたためる。

2 空気，水，金ぞくは，温度（おんど）によって体積が変化（へんか）します。次の問いに答えましょう。

(1)　空気，水，金ぞくを冷やすと，体積はそれぞれ大きくなりますか，小さくなりますか。　　　　　　　　　　　　　空気（　　　　　　　　　　）

水（　　　　　　　　　）　金ぞく（　　　　　　　　　　）

(2)　空気，水，金ぞくをあたためたとき，体積の変化が大きい順（じゅん）に，空気，水，金ぞくをならべましょう。

（　　　　　　　→　　　　　　　→　　　　　　　）

ヒント　**2**(2)空気，水，金ぞくは，あたためると体積が大きくなります。

金ぞくのあたたまり方

月　日

⏰ かかった時間

分

● 金ぞくのあたたまり方について，言葉や図をなぞりましょう。

金ぞくのあたたまり方

金ぞくは，熱した部分から順に　熱　が伝わってあたたまり，やがて全体が

あたたまっていく。金ぞくのかたむきや形が変わっても，あたたまり方は

変わらない 。

チャレンジ！

金ぞくに熱が伝わるようすを表す矢印をなぞろう。

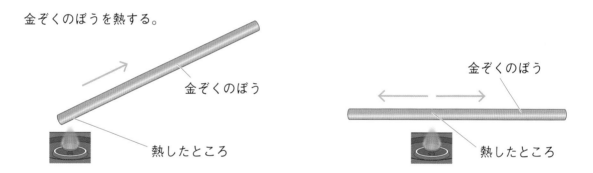

金ぞくのぼうを熱する。

金ぞくのぼう

熱したところ

金ぞくのぼう

熱したところ

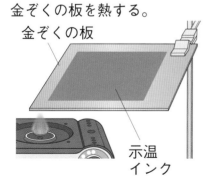

金ぞくの板を熱する。

金ぞくの板

示温インク

熱したところ

示温インクや示温シールは，温度で色が変わるよ。温度が低いときは青色で，温度が高いとピンク色になるよ。

熱したところに近いところから，示温インクの色が変わっていくよ。

65

[1] 右の図1のように，示温インクをぬった金ぞくのぼうを熱しました。次の問いに答えましょう。

図1

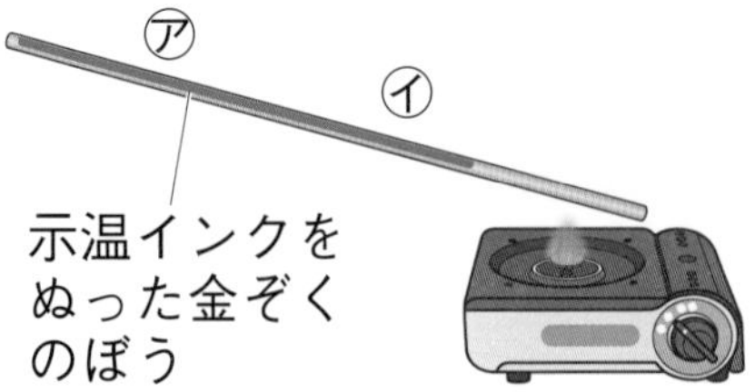

(1) 図1で，先に示温インクの色が変わるのは，㋐と㋑のどちらですか。　(　　　　)

(2) (1)を選んだ理由について，次の文の(　　　)にあてはまる言葉を書きましょう。

熱したところに(　　　　　　　　)から。

図2

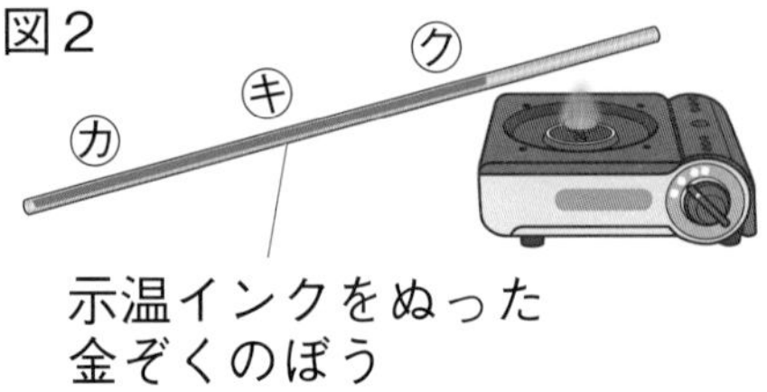

(3) 図2で，示温インクの色が変わる順に，㋕，㋖，㋗をならべましょう。

(　　　　→　　　　→　　　　)

(4) 金ぞくでの熱の伝わり方について，正しいものに○をつけましょう。

①(　　)熱したところから順に伝わる。

②(　　)高さが低いところから順に伝わる。

[2] 右の図のように，示温インクをぬった金ぞくの板を熱しました。次の問いに答えましょう。

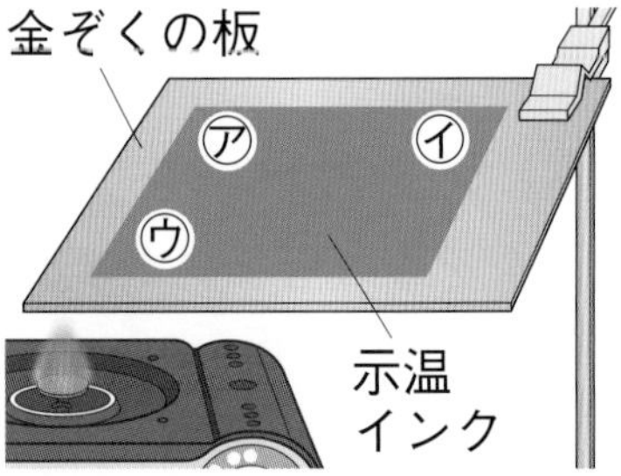

(1) いちばんはじめに示温インクの色が変わるのは，㋐，㋑，㋒のどこですか。　(　　　　)

(2) 熱が伝わるようすについて，正しいものに○をつけましょう。

①(　　)　②(　　)　③(　　)

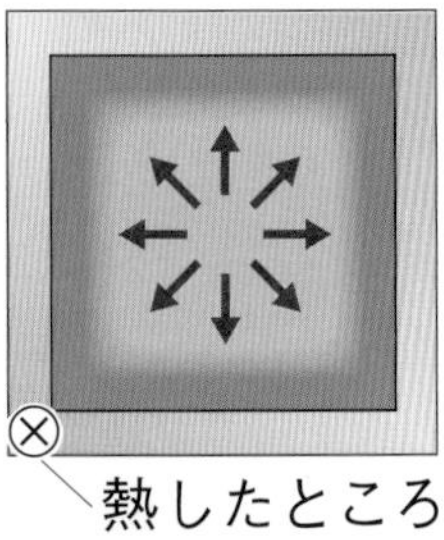

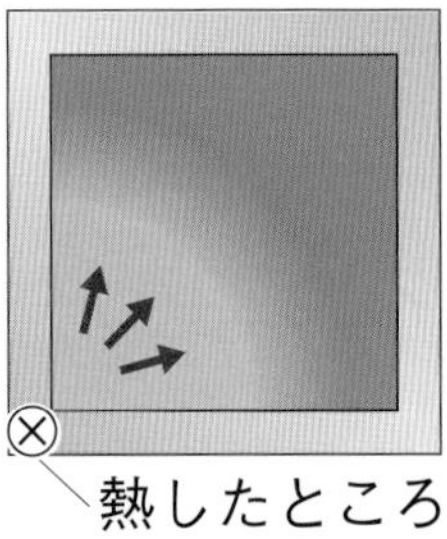

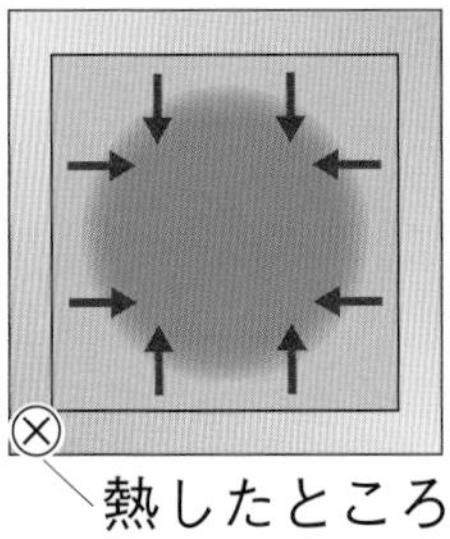

ヒント　[1](3)金ぞくは，熱したところから順にあたたまっていきます。

34 水のあたたまり方

月　日
かかった時間
分

●水のあたたまり方について，言葉や図をなぞりましょう。

 水のあたたまり方

熱せられてあたためられた水は，　上　のほうへ動く。このように水が動いて，

やがて全体があたたまる。

ビーカー　　示温インクを入れた水

チャレンジ！
あたためられた水が動くようすを表す矢印をなぞろう。

あたためられた水は上に動くので，上の水が先にあ

たたかくなり，示温インクは　上　のほうからピン

ク色になる。

水のあたたまり方は，金ぞくの
あたたまり方とはちがうね。

試験管の下のほうを熱したとき，水は　上　のほうからあたたまっていって，

やがて全体があたたまっていく。試験管の上のほうを熱したときは，下のほうは

なかなか　あたたまらない　。

示温インクを
入れた水
試験管
下のほうを熱する。

示温インクを
入れた水
試験管
上のほうを熱する。

67

1 右の図のように，示温インクを入れた水をビーカーに入れて熱しました。次の問いに答えましょう。

示温インク
を入れた水
ビーカー

(1) 示温インクの色が変わるようすについて，正しいものに○をつけましょう。

 ①（　　　）　　　 ②（　　　）　　　③（　　　）

(2) (1)のようになったのは，あたためられた水がどのように動いたからですか。
（　　　　　　　　　　　　　　　　　　　　　　　　　　　　　）

(3) (2)のような水のあたたまり方は，金ぞくのあたたまり方とにていますか，にていませんか。　　　　　　　　　　　（　　　　　　　　　　　）

2 図1と図2のように，示温インクを入れた水を試験管に入れて熱しました。次の問いに答えましょう。

図1　　　　　　　　　　　図2

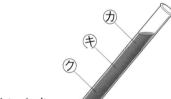
試験管

示温インクを
入れた水

(1) 図1で，いちばんはじめに示温インクの色が変わるのは，㋐，㋑，㋒のどこですか。　　（　　　　　）

上のほうを熱する。　　　　下のほうを熱する。

(2) 図2で，いちばんはじめに示温インクの色が変わるのは，㋕，㋖，㋗のどこですか。　　　　　　　　　　　　　　　　　　（　　　　　）

(3) 水全体がはやくあたたまるのは，図1と図2のどちらですか。
　　　　　　　　　　　　　　　　　　　　　　（　　　　　　　）

 **ヒント**　**1**(3)金ぞくは，熱したところから順にあたたまっていきます。

35 空気のあたたまり方

●空気のあたたまり方について，言葉や図をなぞりましょう。

空気のあたたまり方

　熱せられてあたためられた空気は，　上　のほうへ動く。このように空気が

動いて，やがて全体があたたまる。空気のあたたまり方は，水のあたたまり方と

　にている　。

チャレンジ！
あたためられた空気が動くようすを表す矢印をなぞろう。

　あたためられた空気は　上　に動くので，線こう

のけむりは　上　に動く。

けむり
線こう

電熱器

> 線こうのけむりの動きで，空気の動きがわかるよ。

　あたためられた空気が　上　に動く

ので，部屋の　上　のほうが先にあた

たまる。

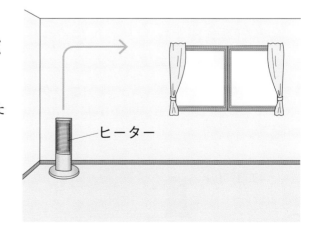

ヒーター

69

1 右の図のように，電熱器のスイッチを入れて，線こうのけむりの動きを調べました。次の問いに答えましょう。

線こう

電熱器

(1) 線こうのけむりが動いた向きは，㋐，㋑，㋒のどれですか。　（　　　　）

(2) (1)のようになったのは，あたためられた空気がどのように動いたからですか。

（　　　　　　　　　　　　　　　　　　　　　　　　　）

(3) もののあたたまり方について，正しいもの2つに○をつけましょう。

①（　　）空気のあたたまり方と，水のあたたまり方はにている。

②（　　）空気のあたたまり方と，水のあたたまり方はにていない。

③（　　）空気のあたたまり方と，金ぞくのあたたまり方はにている。

④（　　）空気のあたたまり方と，金ぞくのあたたまり方はにていない。

2 右の図のように，エアコンであたためた教室で，上のほうと下のほうの空気の温度をはかりました。次の問いに答えましょう。

エアコン

(1) 空気の温度が高いのは，㋐と㋑のどちらですか。　（　　　　）

(2) 教室全体をはやくあたためるには，あたたかい空気を，エアコンからどの向きに出せばよいですか。正しいものに○をつけましょう。

①（　　）

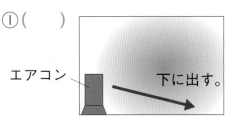

エアコン　　　下に出す。

②（　　）

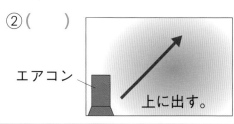

エアコン　　上に出す。

ヒント　　**1**(1)線こうのけむりの動きから，あたためられた空気の動き方がわかります。

あたためたときの水①

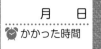

● あたためたときの水について，言葉や図をなぞりましょう。

あたためたときの水

水を熱すると，温度が上がる。水を熱すると，　湯気　が出てきたり，中

からあわが出てきたりする。　100℃　近くになると，あわがさかんに

出てくる。これを　ふっとう　といい，ふっとうしている間は，水の温

度は　変わらない　。湯気は，白く目に　見える　。

チャレンジ！

水を熱したときの温度の変化をグラフに表そう。

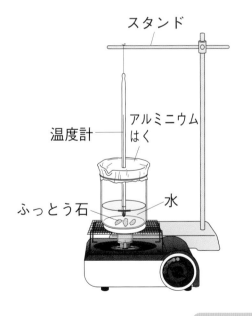

スタンド
アルミニウムはく
温度計
ふっとう石
水

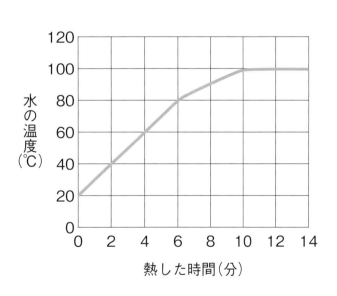

急にふっとうするのをふせぐために，実験を行うときは
必ずふっとう石を入れるよ。

1 図1のように，水を熱しながら温度をはかりました。図2は温度の変化をまとめたグラフです。あとの問いに答えましょう。

図1

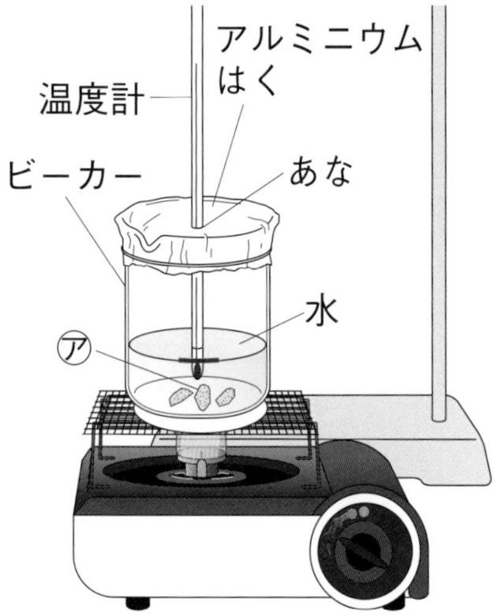

図2

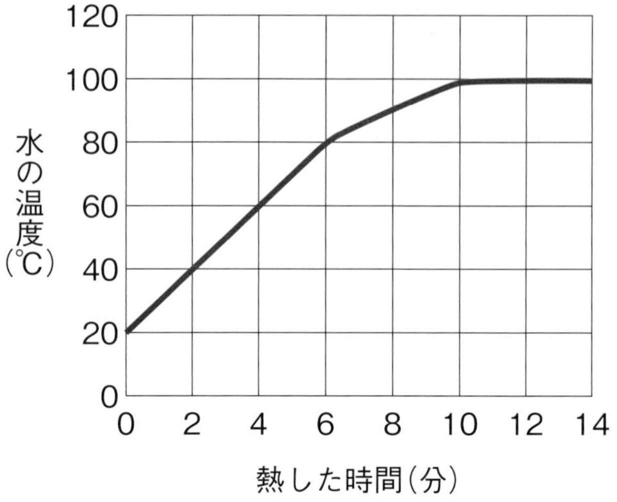

(1) 図1で，熱い水がとび出すのをふせぐために入れた㋐を何といいますか。

(　　　　　　　　　　)

(2) 水を熱すると出てくる，白いもやのようなものを何といいますか。

(　　　　　　　　　　)

(3) 水を熱したとき，水中からさかんにあわが出てくることを何といいますか。

(　　　　　　　　　　)

(4) 次の文の(　①　)，(　②　)にあてはまる言葉を書きましょう。

> 水を熱すると，はじめは温度が(　①　)。水の温度がおよそ(　②　)℃になると，熱し続けても温度は変化しなくなる。

①(　　　　　　　　　　)

②(　　　　　　　　　　)

ヒント　**1** (4)水を熱すると，図2のグラフのように温度が変化します。

37 あたためたときの水②

月　日
⏰ かかった時間
分

● 水のゆくえについて，言葉や図をなぞりましょう。

水のゆくえ

水を熱し続けたとき，さかんに出てくるあわを　水じょう気　といい，

水が目に　見えない　すがたに変わったものである。

水がふっとうして出てきた水じょう気は，冷やされると　水　にもどる。

湯気　は，水じょう気が冷やされて小さな水のつぶになったものである。

水は熱しなくても，表面から水じょう気に変わる。このことを　じょう発　という。

チャレンジ！
水のすがたを線で
つなごう。

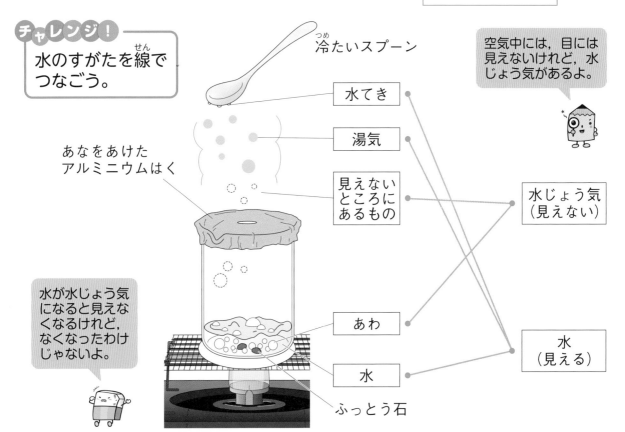

冷たいスプーン

空気中には，目には
見えないけれど，水
じょう気があるよ。

あなをあけた
アルミニウムはく

水てき

湯気

見えない
ところに
あるもの

水じょう気
（見えない）

水が水じょう気
になると見えな
くなるけれど，
なくなったわけ
じゃないよ。

あわ

水

ふっとう石

水
（見える）

73

1 図1のように水をふっとうさせ，出てきた湯気（ゆげ）に金ぞくのスプーンを当てました。また，図2のようにして，水を熱（ねっ）して出てきたあわをふくろに集（あつ）めました。次の問いに答えましょう。

図1

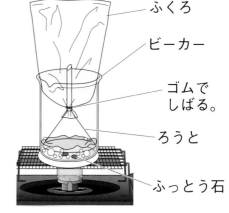

金ぞくの
スプーン
湯気
あなをあけた
アルミニウム
はく

ふっとう石

あわ

水

(1) 図1の金ぞくのスプーンには，何がつきますか。

(　　　　　　　　)

(2) 湯気の正体（しょうたい）は何ですか。㋐〜㋒から選びましょう。

㋐ 水　　㋑ 氷　　㋒ 空気　（　　　　）

(3) 図2のように水を熱し続（つづ）けると，ビーカーの水の量（りょう）はどうなりますか。

(　　　　　　　　)

(4) (3)のようになる理由（りゆう）について，正しいものに○をつけましょう。

① (　　) 水の体積（たいせき）が変（か）わったから。

② (　　) 水が別（べつ）のすがたになって，出ていったから。

(5) 図2で，水を熱するのをやめると，あわを集めたふくろには何がたまっていますか。（　　　　　　　　）

(6) あわの正体は，熱した水が目に見えないすがたに変わったものです。これを何といいますか。（　　　　　　　　）

(7) 水を熱しなくても，水は表面（ひょうめん）から(6)のすがたに変わります。このことを何といいますか。（　　　　　　　　）

ヒント 　**1**(5)水を熱するのをやめると，集めたあわは冷（ひ）やされます。

38 冷やしたときの水

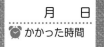

| 月 日 |
| かかった時間 |
| 分 |

● 冷やしたときの水について，言葉や図をなぞりましょう。

冷やしたときの水

水を冷やすと温度が下がり，　0℃　になるとこおり始める。こおり始め

てからすべて氷になるまで，温度は　変わらない　。水が氷になると，

体積は　大きく　なる。

チャレンジ！

水を冷やしたときの温度の変化をグラフに表そう。

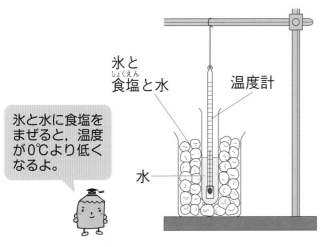

氷と食塩と水

温度計

水

氷と水に食塩をまぜると，温度が0℃より低くなるよ。

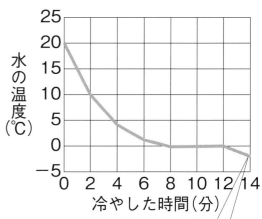

0℃より低い温度を　れい下　という。

右の図のときは，れい下2度(またはマイナス2度)と読み，

　−2℃　と書く。

1 図1のように，水を冷やしながら温度をはかりました。図2は温度の変化をまとめたグラフです。あとの問いに答えましょう。

図1

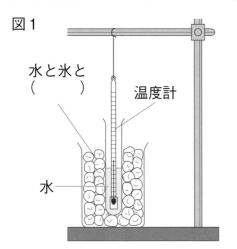

水と氷と
(　　　)

温度計

水

図2

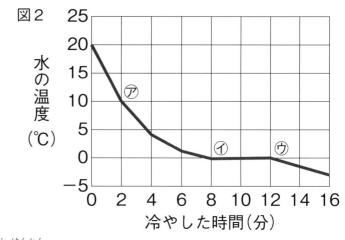

水の温度（℃）

冷やした時間（分）

(1) 図1の(　　　)について，試験管の水をこおらせるために，ビーカーの水と氷に何をまぜましたか。　　　　　　　　　　　(　　　　　　　　　)

(2) 水がこおり始めたときの温度は何℃ですか。

(　　　　　　　　　)

(3) 水がすべてこおったのは，㋐，㋑，㋒のどこですか。

(　　　　　　　　　)

(4) 図3は，16分間，水を冷やしたときの温度計の目もりです。このときの温度を何と書きますか。

図3

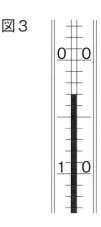

(　　　　　　　　　)

(5) 水がすべてこおったあと，さらに冷やすと，温度はどうなりますか。

(　　　　　　　　　)

(6) 水が氷になると，体積はどうなりますか。

(　　　　　　　　　)

ヒント 　**1**(4)0℃より低い温度をれい下（またはマイナス）といいます。

39 水のすがた

●水のすがたについて，言葉や図をなぞりましょう。

水のすがた

水じょう気のようなすがたを 気体 ，水のようなすがたを

えき体 ，氷のようなすがたを 固体 という。水は温度によって，

気体，えき体，固体とすがたを 変える 。

チャレンジ！

水のすがたの変化を表す矢印をなぞろう。

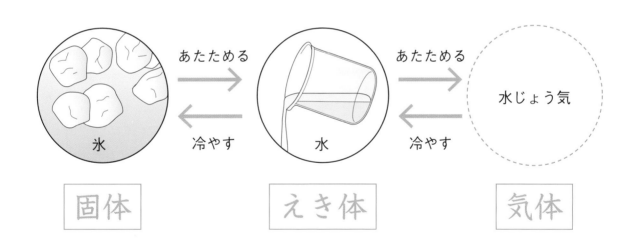

固体　　　　　えき体　　　　　気体

水を冷やすと， 0℃ で氷になり始める。水をあたためると，およそ

100℃ でふっとうして， 水じょう気 になる。また，

100℃まであたためなくても，水は じょう発 して水じょう気になる。

[1] 温度による水のすがたの変化をまとめました。あとの問いに答えましょう。

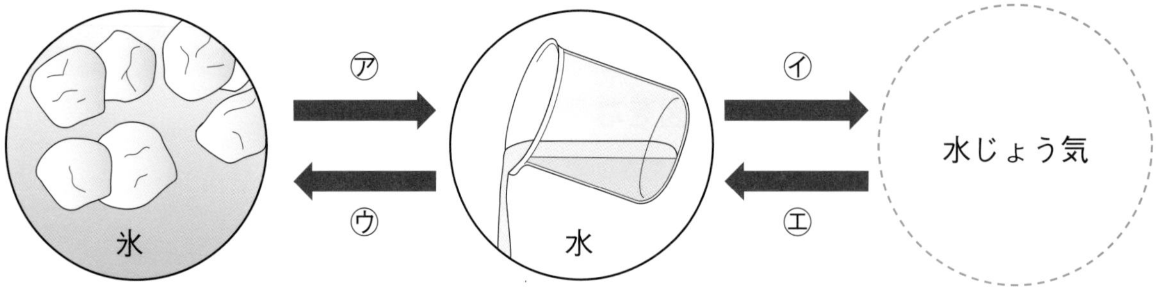

(1) 氷，水，水じょう気のようなすがたを，それぞれ何といいますか。

氷(　　　　　　　　)　水(　　　　　　　　)

水じょう気(　　　　　　　　)

(2) あたためたときの変化を表す矢印を，㋐～㋓から２つ選びましょう。

(　　　　　　　　)

(3) 水が氷に変化すると，体積はどうなりますか。

(　　　　　　　　)

(4) 水が氷に変化し始める温度は何℃ですか。

(　　　　　　　　)

(5) 水がふっとうして水じょう気に変化するときの温度は，およそ何℃ですか。

(　　　　　　　　)

(6) 水がじょう発するときに起こる変化を，㋐～㋓から選びましょう。

(　　　　)

(7) 形が変わらないのは，氷，水，水じょう気のうちのどれですか。

(　　　　　　　　)

ヒント [1](5)熱せられた水の中からあわが出て，水じょう気に変化することを，ふっとうといいます。

40 器具の使い方①

🔵 実験の注意について，言葉や図をなぞりましょう。

実験の注意

●長いかみは結び，ボタンやジッパーはしめておく。

●実験はできるだけつくえの 　中央　 で行い，必要なものだけつくえの上に

出して，器具がつくえから落ちないようにする。

●加熱器具を使うときは，近くにぬれたぞうきんを置き，

　ほごめがね　 をかけて，立って実験する。

●器具は 　両手　 で持って運ぶ。

先生の話をよく聞いて，じゅんびや後かたづけをきちんとしよう。

チャレンジ！

実験を行うとき，まちがっているところを○でかこもう。

1 右の図1のように，水をふっとうさせる実験を行いました。次の問いに答えましょう。

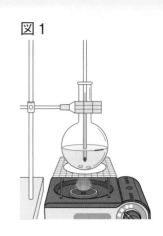
図1

(1) 実験のときの服そうとして，いちばんよいものに○をつけましょう。

①(　　) 　　②(　　) 　　③(　　)

(2) 実験のときにかける，右の図2の器具を何といいますか。　　　(　　　　　　　　)

図2

(3) 次の文の(　　)内から，正しいものを選んで○でかこみましょう。

図1の加熱器具は，つくえの①(　はし　　中央　)に置く。また，実験は②(　すわって　　立って　)行う。

(4) 加熱器具のそばに置いておくとよいものに，○をつけましょう。

①(　　)ノート 　　②(　　)ぬれたぞうきん

(5) 実験を行うときの注意について，正しいものに○，まちがっているものに×をつけましょう。

①(　　)器具を運ぶときは，前を向いて両手で運ぶ。

②(　　)実験に使わないものは，つくえの上に出さないようにする。

③(　　)使った器具は，つくえのはしにまとめて置いておく。

ヒント 　**1**(4)加熱器具の近くには，もえやすいものを置かないようにします。

41 器具の使い方②

●アルコールランプの使い方について，言葉や図をなぞりましょう。

アルコールランプの使い方

アルコールランプは，ものを

| 熱する | ときに使う。使うときは

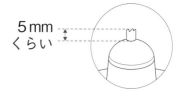

| 平ら | な（水平な）安定したところに置く。

しんは | 5 | mm くらい出し，アルコール

しん　　アルコール　　ふた

8分目

アルコールランプ

はよう器の | 8 | 分目くらいまで入れる。

チャレンジ！

マッチの火やふたを動かす向きを表す矢印をなぞろう。

火をつけるとき　　　　　　火を消すとき

ほのおは上に向かう
から，マッチやふた
を真上から近づける
とあぶないよ。

火をつけるときは， | 横 | からマッチの火を近づける。

火を消すときは，ななめ上から | ふた | をかぶせ，火が消えたら一度ふた

をとり， | 冷めて | からふたたびふたをかぶせる。

1 アルコールランプについて，次の問いに答えましょう。

(1) アルコールランプを使うときは，どのようなところに置きますか。

(　　　　　　　　　　　　　　　　　　　　　　　　　　　　)

(2) しんの長さとして，正しいものに○をつけましょう。

①(　　) 　　　　　　　　　　　　　　　②(　　)

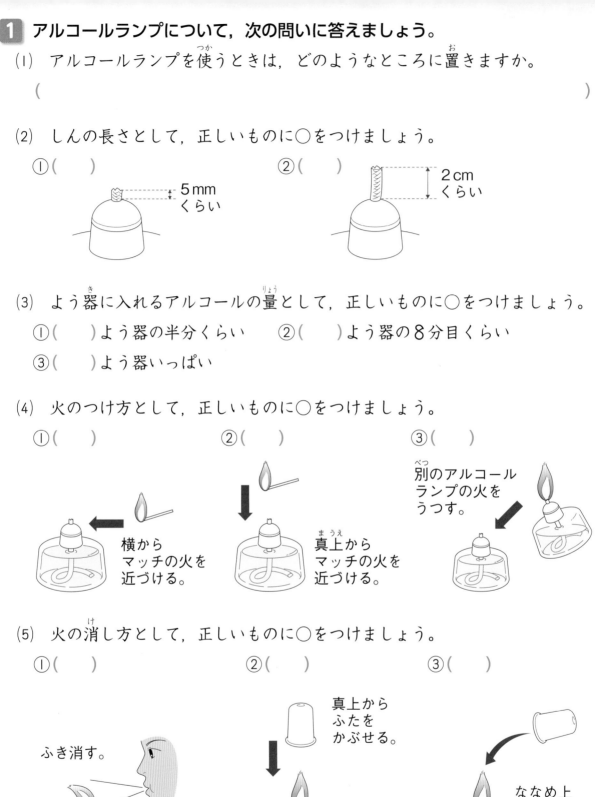

・・・ 5mm くらい

・・・ 2cm くらい

(3) よう器に入れるアルコールの量として，正しいものに○をつけましょう。

①(　　)よう器の半分くらい　　②(　　)よう器の8分目くらい

③(　　)よう器いっぱい

(4) 火のつけ方として，正しいものに○をつけましょう。

①(　　)　　　　　　　　　②(　　)　　　　　　　　　③(　　)

横から
マッチの火を
近づける。

真上から
マッチの火を
近づける。

別のアルコール
ランプの火を
うつす。

(5) 火の消し方として，正しいものに○をつけましょう。

①(　　)　　　　　　　　②(　　)　　　　　　　③(　　)

ふき消す。

真上から
ふたを
かぶせる。

ななめ上
からふたを
かぶせる。

ヒント 　**1**(1)アルコールランプがたおれないところに置きます。

42 器具の使い方③

月　日
⏰ かかった時間
分

🔵 加熱器具の使い方について，言葉や図をなぞりましょう。

加熱器具の使い方

実験用ガスコンロやガスバーナーは，| 平ら |　な（水平な）安定したところ

に置いて使う。実験用ガスコンロは，つまみを「カチッ」と音がするまで回して

火をつける。ガスバーナーは| 元せん |　を開いてからマッチの火を近づけ，

| ガス調節ねじ |　を開いて火をつける。火の大きさを調節したあと，

| 空気調節ねじ |　を開いて，青色のほのおにする。

チャレンジ！
火をつけるときに，つまみやねじを回す向きを表す矢印をなぞろう。

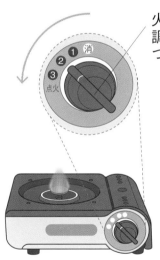

火力を
調節する
つまみ

実験用ガスコンロ

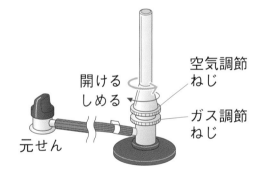

開ける
しめる

元せん

空気調節
ねじ

ガス調節
ねじ

ガスバーナー

火を消すときは，つまみを「消」まで回してガスボンベをはずしたあと，もう一度つまみを「点火」まで回して，残ったガスをもやすよ。

火を消すときは，空気調節ねじ，ガス調節ねじ，元せんの順にしめるよ。

83

[1] 右の図の実験用ガスコンロについて，次の問いに答えましょう。

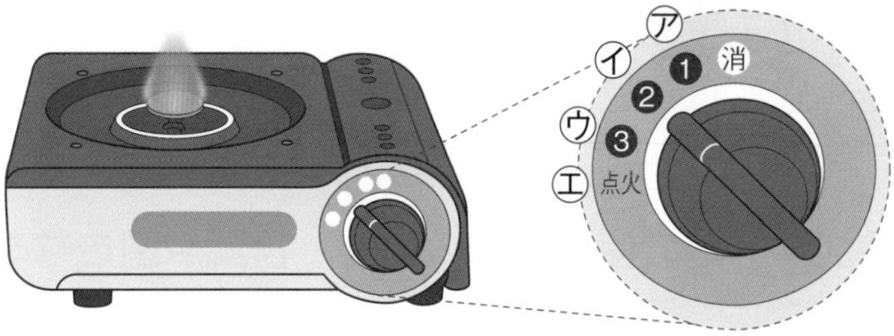

(1) 火をつけるときは，つまみをどこまで回しますか。図の㋐～㋓から選びましょう。 (　　　)

(2) ほのおの大きさをいちばん小さくするには，つまみをどこに合わせますか。図の㋐～㋒から選びましょう。

(　　　)

(3) 火を消すときには，つまみを「消」まで回してガスボンベをはずしたあと，もう一度火をつけます。これは何のためですか。

(　　　　　　　　　　　　　　　　)

[2] 右の図のガスバーナーについて，次の問いに答えましょう。

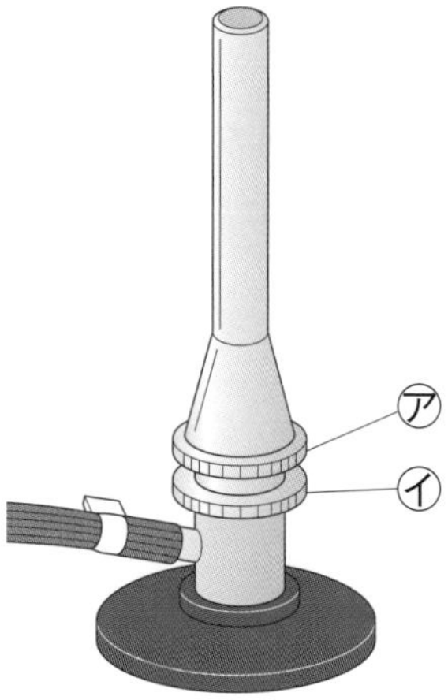

(1) ㋐のねじで量を調節するのは，ガスと空気のどちらですか。 (　　　　)

(2) 火をつけるとき，先に開くねじは，㋐と㋑のどちらですか。 (　　　)

(3) 火を消すとき，先にしめるねじは，㋐と㋑のどちらですか。

(　　　)

(4) ガスバーナーを使うときは，ほのおを何色にしますか。

(　　　　　)

ヒント [2](2)ガスに火をつけてから，空気を入れてほのおの色を調節します。

43 しあげのテスト①

点　　月　日　目標 15 分

1 右の図のように，2まいのかがみで日光をはね返して，かべに当てました。次の問いに答えましょう。【6点×4】

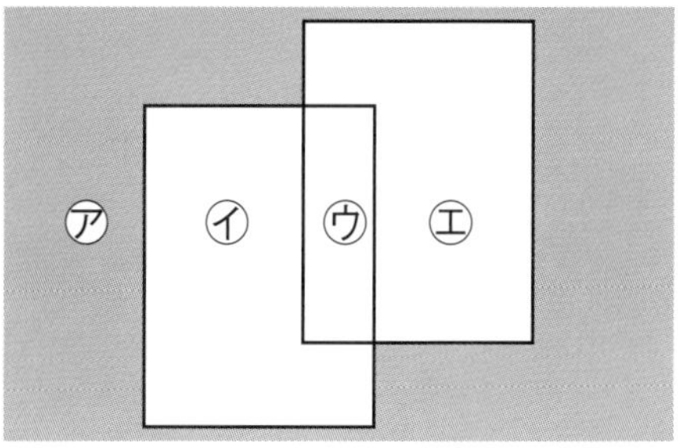

(1) はね返した日光はどのように進みますか。
（　　　　　　　　　　）

(2) いちばんあたたかいところは，㋐～㋓のどこですか。（　　　　）

(3) (2)のところがいちばんあたたかくなるのは，なぜですか。
（　　　　　　　　　　）

(4) ㋓と同じ明るさのところは，㋐～㋒のどこですか。（　　　　）

2 右の図のようなギターのげんをはじくと，音が出ました。次の問いに答えましょう。【5点×4】

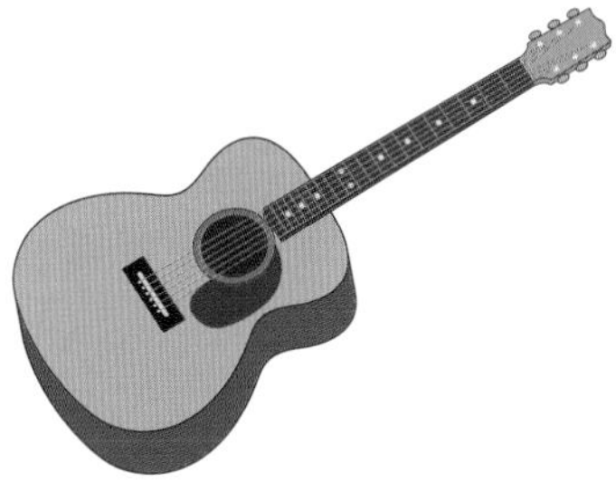

(1) 音が出ているとき，ギターのげんはどうなっていますか。（　　　　　　　　　　）

(2) 音が出ているギターのげんを指でつまむと，音はどうなりますか。
（　　　　　　　　　　）

(3) ギターのげんを強くはじくと，げんがふれるはばはどうなりますか。
（　　　　　　　　　　）

(4) (3)のとき，ギターのげんから出る音の大きさはどうなりますか。
（　　　　　　　　　　）

ヒント　**2**(2)げんを指でつまむと，げんがふるえなくなります。

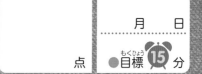

3 じしゃくについて，次の問いに答えましょう。　　　　　　　　　【6点×6】

(1)　じしゃくとじしゃくが引き合うものには〇，しりぞけ合うものには×をつけましょう。

①(　　　)

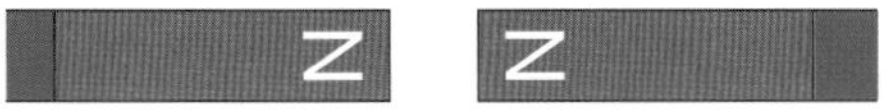

N　　N

②(　　　)

S　　S

③(　　　)

N　　S

④(　　　)

S　　N

(2)　2本のじしゃくを近づけると，しりぞけ合うのはどのようなときですか。正しいものに〇をつけましょう。

①(　　　)極が同じとき　　②(　　　)極がちがうとき

(3)　じしゃくに引きつけられるものは，何でできていますか。

(　　　　　　　　　　　　　　)

4 右の図のように，ねん土の重さを台ばかりではかりました。次の問いに答えましょう。　　　　　　　　　【5点×4】

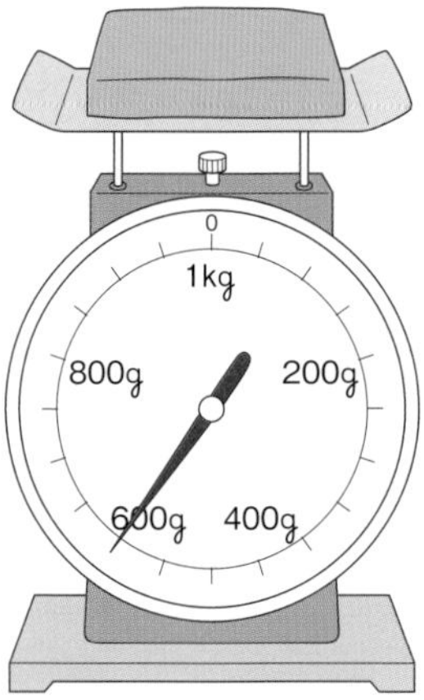

(1)　重さを表す「g」は何と読みますか。

(　　　　　　　　　　)

(2)　図のねん土は何 g ですか。

(　　　　　　　　　　)

(3)　図のねん土を①，②のようにすると，重さはそれぞれどうなりますか。

①丸める。　　　　　　　　②たてに置く。

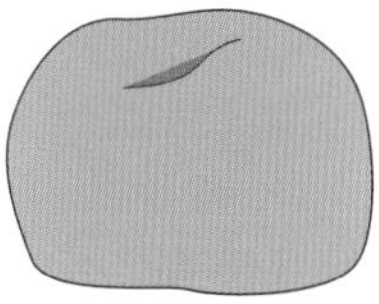

(　　　　　　　　)　　　(　　　　　　　　)

44 しあげのテスト②

点

月　日

目標 15 分

1 図１や図２のようにすると，どちらもモーターが回りました。次の問いに答えましょう。【6点×4】

図１

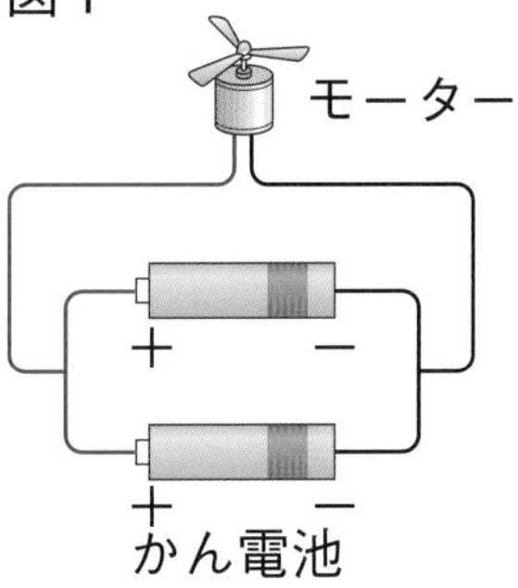

図２

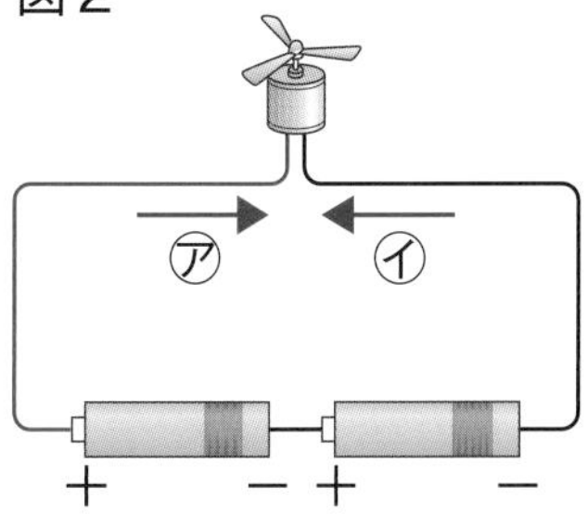

(1)　１つの輪のようになった電気の通り道を何といいますか。

(　　　　　　)

(2)　図１のようなかん電池のつなぎ方を何といいますか。

(　　　　　　)

(3)　モーターが速く回るのは，図１と図２のどちらですか。

(　　　　　　)

(4)　図２で電流が流れた向きは，㋐と㋑のどちらですか。　(　　　　)

2 右の図のように，示温インクをまぜた水を試験管に入れて熱しました。次の問いに答えましょう。【8点×3】

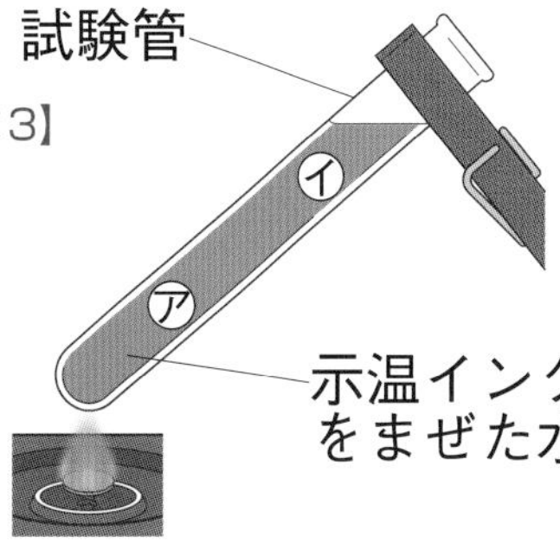

(1)　先に示温インクの色が変わるのは，㋐と㋑のどちらですか。　(　　　　)

(2)　あたためられた水は，どのように動きますか。

(　　　　　　)

(3)　水とあたたまり方がにているのは，空気と金ぞくのどちらですか。

(　　　　　　)

ヒント　**2**(3)金ぞくは，熱したところから順に熱が伝わります。

[3] 右の図のように，試験管に空気と水を入れて湯につけました。次の問いに答えましょう。

【6点×4】

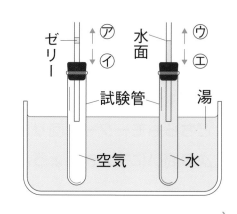

(1) ゼリーは，㋐と㋑のどちらに動きますか。

(　　　　)

(2) (1)のようになったのは，試験管の中の空気の体積がどうなったからですか。 (　　　　)

(3) 水面は，㋒と㋓のどちらに動きますか。 (　　　　)

(4) 試験管を湯につけて，位置がより大きく変化したのは，ゼリーと水面のどちらですか。 (　　　　)

[4] 右の図は，水のすがたの変化を表したものです。次の問いに答えましょう。

【7点×4】

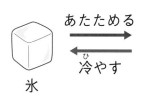

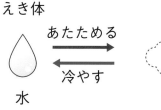

(1) 気体になった水を何といいますか。

(　　　　)

(2) 氷のようなすがたを何といいますか。

(　　　　)

(3) 水がふっとうし始めるのは，およそ何℃ですか。

(　　　　)

(4) 水が氷になると，体積はどうなりますか。

(　　　　)

ヒント [3](4)空気は水にくらべて，あたためたときに体積が大きく変化します。

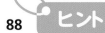

答えとてびき　小学3・4年　もののふしぎ

1 風のはたらき①　2ページ

[1] (1)㋑　(2)風　(3)②に○

[2] (1)1日目　(2)②に○　(3)②に○

まちがえやすい

[1] (1)(2)　うちわであおいで，ほに風を当てると，車は動(うご)く。

[2] (1)　風がふいていたのは，はたがなびいていた1日目である。

(2)　はたは東になびいているので，風は西から東にふいていたと考えられる。

2 風のはたらき②　4ページ

[1] (1)③に○

(2)風が車を動かすはたらきが大きくなる

[2] (1)(車)㋐　(2)(送風(そうふう)き)①

(3)強くする。(送風き①と同じくらいにする。)

まちがえやすい

[1] うちわで強くあおぐと，車に当たる風が強くなり，車はより遠くまで動く。

[2] (1)(2)　車㋐は車㋑よりも遠くまで動いているので，送風き①は送風き②よりも風が強かったと考えられる。

3 ゴムのはたらき①　6ページ

[1] (1)①に○

(2)もとの形にもどる。(もとにもどる。)

[2] (1)㋑　(2)①に○

(3)車(もの)を動かすはたらき(をした)。

まちがえやすい

[1] (1)　手でゴムを引いてのばすと，のびたゴムがもとの形にもどろうとして，手を引く。

[2] (3)　のびたゴムは，もとの形にもどるときにものを動かすことができる。

4 ゴムのはたらき②　8ページ

[1] (1)②に○

(2)大きくなる(強くなる)

[2] (1)㋑　(2)③に○

(3)(輪(わ)ゴムをのばす長さを) 20cm より長くする。

まちがえやすい

[1] ゴムを長くのばすと，ゴムがものを動かすはたらきが大きくなるので，車がより遠くまで動く。

[2] (1)　㋐は輪ゴムを10cm 引き，㋑は輪ゴムを20cm 引いている。輪ゴムをのばす長さが長いほど，手ごたえは大きくなる。

(2)　㋑は㋐よりも輪ゴムを長くのばしたので，車がより遠くまで動く。だから，㋑が㋐よりも遠くまで動いている③が正しい。

5 光の進み方　10ページ

[1] (1)①に○　(2)当たる。

[2] (1)②に○

(2)まっすぐに進(すす)んだから。

(3)㋑

まちがえやすい

[1] (1)　かがみではね返した日光は，まっすぐに進む。

(2)　かがみとかべの間にボールがあっても，かがみではね返した日光が進む向(む)きは変(か)わらないので，ボールに日光が当たる。

[2] (1)(2)　かがみではね返した日光はまっすぐに進むので，地面(じめん)にできた日光のすじもまっすぐになる。

(3)　かがみを右に向けると，日光が進む向きも右にずれる。

6 光の明るさ・あたたかさ① 12ページ

1 (1)明るくなっている。 (2)⑦

(3)重（かさ）なっている（集まっている）

2 (1)ⓒ, ⓚ (2)ⓔ (3)明るくなる。

 まちがえやすい

1 (1) かがみではね返した日光を当てたところは，まわりよりも明るくなる。

(2)(3) かがみではね返した日光を重ねるほど，明るさは明るくなる。⑦は２まいのかがみではね返した日光が重なっているので，いちばん明るくなる。

2 (1)(2) 明るい順（じゅん）は，次のようになる。

かがみ３まい…ⓔ

かがみ２まい…⑦, ⓞ, ⓚ

かがみ１まい…⑦, ⓒ, ⓚ

かがみなし…ⓒ

7 光の明るさ・あたたかさ② 14ページ

1 (1)あたたかくなっている。 (2)⑦

(3)重なっている（集まっている）

2 (1)②に○ (2)高くなる。（上がる。）

(3)３まい（のとき）

 まちがえやすい

1 (2)(3) かがみではね返した日光を重ねるほど，あたたかくなる。⑦は２まいのかがみではね返した日光が重なっているので，いちばんあたたかくなる。

2 (1) ⑦はかがみが２まいだから，かがみが１まいのときの18℃より温度（おんど）が高く，かがみが３まいのときの38℃より温度が低（ひく）いと考えられる。よって，27℃が正しい。

8 光を集める 16ページ

1 (1)ⓒ (2)ⓒ

2 (1)明るくなる。 (2)高くなる。（上がる。）

(3)大きくなる。

まちがえやすい

1 虫めがねで日光を集めるとき，日光を集めたところが小さいほど，明るく，熱（あつ）くなる。

2 (3) 虫めがねを⑦の向（む）きに動かすと，日光を集めたところが小さくなり，虫めがねを⑦の向きに動かすと，日光を集めたところが大きくなる。

9 音が出る① 18ページ

1 (1)ふるえている。（しん動（どう）している。）

(2)止まる。（出なくなる。）

2 (1)⑦ (2)はねている（動いている）

(3)手でおさえる

 まちがえやすい

1 (2) 音が出ているトライアングルを手ににぎると，トライアングルがふるえなくなるので，音が出なくなる。

2 (1)(2) ⑦は紙が動いていないが，⑦は紙が動いている。だから，たいこのまくがふるえて，音が出ているのは⑦である。

(3) たいこのまくを手でおさえると，まくがふるえなくなるので，たいこの音が止まる。

10 音が出る② 20ページ

1 (1)大きくなる。 (2)大きくなる。

2 (1)⑦ (2)大きくなっている。

(3)強くはじく。

(4)小さくなっていく。

まちがえやすい

1 トライアングルを強くたたくと，ふるえ方が大きくなり，大きな音が出る。

2 (1)(2) ⑦は⑦よりも輪ゴムのふるえ方が大きいので，輪ゴムを強くはじき，大きな音が出ていることがわかる。

(4) 輪ゴムをはじいてしばらくすると，輪ゴムのふるえ方が小さくなり，音が小さくなる。

11 音が伝わる　22ページ

1 (1)聞こえる。
(2)ふるえている。(しん動している。)

2 (1)糸　(2)聞こえなくなる。(止まる。)
(3)止まる(なくなる)

まちがえやすい

1 さやかさんが鉄ぼうをたたくと，鉄ぼうがふるえて，けんたさんに音を伝える。

2 (1) トライアングルのふるえが糸によって紙コップに伝わり，音が聞こえる。
(2)(3) 糸を指でつまむと，糸がふるえなくなるので，トライアングルのふるえが紙コップに伝わらなくなる。

12 豆電球をつけるには①　24ページ

1 (1)どう線　(2)電気　(3)回路

2 (1)㋐，㋑，㋕
(2)(1つの)輪のようにつながっている。

まちがえやすい

1 かん電池の＋極，豆電球，かん電池の－極を，どう線で1つの「輪」のようにつなぐと，回路ができて電気が通る。

2 (1) ㋒と㋔は，かん電池の極ではないところにどう線をつないでいるから，回路はできない。㋓は，2本のどう線がかん電池の同じ極につながっているから，回路はできない。

13 豆電球をつけるには②　26ページ

1 ③に○

2 ㋓

3 ・記号…㋐
理由…フィラメントが切れているから。
・記号…㋑
理由…豆電球がソケット(どう線)からはなれているから。

まちがえやすい

1 どう線は，金ぞくの線がビニルにつつまれている。ビニルは電気を通さないので，どう線をつなぐときは，ビニルをはいで，金ぞくの線をつなぐ。

14 電気を通すもの　28ページ

1 (1)①…○　②…×　③…○　④…×
(2)金ぞく　(3)通らない。

2 (1)㋐　(2)③に○

まちがえやすい

1 (1)(2) 1円玉はアルミニウム，クリップは鉄でできている。アルミニウムや鉄などを金ぞくといい，電気を通すせいしつがある。
(3) プラスチックは電気を通さない。

2 かんの表面にぬってあるとりょうは，電気を通さない。このため，とりょうをけずったところに2つのどう線がついている㋐には電気が通って，豆電球に明かりがつく。

15 じしゃくにつくもの　30ページ

1 (1)①…×　②…×　③…○　④…×　(2)鉄

2 (1)①に○　(2)②に○　(3)引きつける。

まちがえやすい

1 鉄はじしゃくに引きつけられるが，アルミニウム，紙，プラスチックなどはじしゃくに引きつけられない。

2 (1) 糸がぴんとはっているから，クリップがじしゃくに引きつけられている。
(2) 鉄とじしゃくの間に下じきがあっても，クリップがじしゃくに引きつけられているので，クリップは下に落ちない。
(3) はさみの持つところはプラスチックでできているが，その中には鉄がある。図3のようにすると，プラスチックの中にある鉄が，じしゃくに引きつけられる。

16 じしゃくのせいしつ　32ページ

[1] (1)③に○　(2)極

[2] (1)引き合う。　(2)ちがう(ことなる)

(3)①に○

まちがえやすい

[1] (1)　ぼうじしゃくは，両はしにN極とS極がある。極では鉄が強く引きつけられるので，両はしにゼムクリップがたくさんついている③が正しい。

[2] (1)(2)　近づけた2つのじしゃくの極がちがうので，引き合う。

(3)　②と③は近づけた2つのじしゃくの極が同じなので，しりぞけ合う。

17 じしゃくのはたらき①　34ページ

[1] (1)②に○　(2)じしゃく

(3)②に○

[2] (1)①に○　(2)じしゃくになった

まちがえやすい

[1] (1)(2)　じしゃくにしばらくつけておいた鉄くぎはじしゃくになるので，鉄のクリップが引きつけられる。

(3)　アルミニウムはじしゃくに引きつけられない。

[2] ㋐の鉄くぎがじしゃくになって㋑の鉄くぎを引きつけるので，㋑の鉄くぎは落ちない。

18 じしゃくのはたらき②　36ページ

[1] (1)S極　(2)①に○

[2] (1)㋑　(2)②に○

まちがえやすい

[1] (1)　方位じしんのN極が引きつけられたので，㋐はS極である。

(2)　鉄くぎの右はし(先たん部分)はN極になっているから，方位じしんのS極が引きつけられる。よって，①が正しい。

[2] (1)　図2で北をさした㋑がN極である。

(2)　㋑はN極になっているから，方位じしんのS極が引きつけられる。

19 ものの形と重さ①　38ページ

[1] (1)水平なところ(平らなところ)

(2)600g

[2] (1)グラム　(2)㋑　(3)1000g

まちがえやすい

[1] (1)　水平とは，平らでかたむいていないことを表す。

[2] (2)紙をのせたあとに，電子てんびんの数字を「0」にすると，さとうの重さだけをはかることができる。

20 ものの形と重さ②　40ページ

[1] (1)㋐…3g　㋑…3g

(2)変わらない。(同じになる。)　(3)①に○

[2] (1)①に○　(2)変わらない。(同じになる。)

まちがえやすい

[1] アルミニウムを小さく分けたり，形を変えたりしても，重さは変わらない。よって，㋐と㋑の重さは，はじめと同じ3gになる。

[2] はかりの上のねん土の置き方を変えても重さは変わらないため，ねん土を立てても重さは600gである。

21 ものの体積と重さ　42ページ

[1] (1)体積(かさ，大きさ)　(2)しお

[2] (1)木　(2)鉄　(3)②に○

まちがえやすい

[1] (2)　さとうは63g，しおは129gだから，同じ体積の重さは，しおのほうが重い。

[2] (1)(2)　木は30g，鉄は432g，アルミニウムは148g，プラスチックは78gだから，木がいちばん軽く，鉄がいちばん重い。

22 かん電池のはたらき① 44ページ

1 (1)電流　(2)㋑　(3)左
(4)②に○　(5)ぎゃくになった
(6)①…○　②…×

まちがえやすい

1 (2)　電流は，かん電池の＋極から－極に向かって流れる。
(4)(5)　かん電池をつなぐ向きをぎゃくにすると，電流の向きもぎゃくになるので，かんいけん流計のはりがふれる向きもぎゃくになる。

23 かん電池のはたらき② 46ページ

1 (1)㋐　(2)ぎゃくになる。
(3)電流の流れる向きがぎゃくになったから。

2 (1)

道具	かん電池	スイッチ	モーター	豆電球	かんいけん流計
記号	─┤├─	─╱ ─	Ⓜ	⊗	Ⓐ

(2)
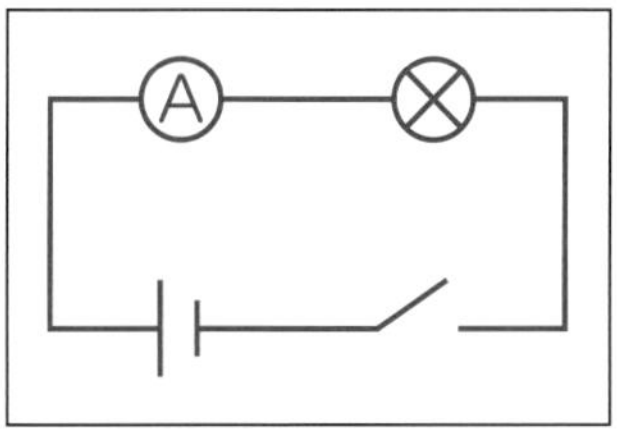

まちがえやすい

1 (2)(3)　電流の流れる向きがぎゃくになると，モーターが回る向きもぎゃくになる。

24 かん電池のはたらき③ 48ページ

1 (1)直列つなぎ
(2)①…㋑　②…㋐　③…㋐

2 (1)へい列つなぎ　(2)①…㋑　②…㋐
(3)
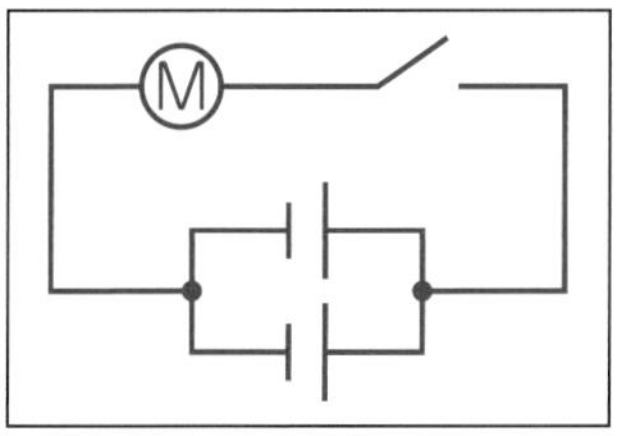

まちがえやすい

1 (1)　かん電池のちがう極どうしがつながっているので，直列つなぎである。

2 (1)　かん電池の同じ極どうしがつながっているので，へい列つなぎである。

25 かん電池のはたらき④ 50ページ

1 (1)大きい。　(2)速い。　(3)同じくらい。
(4)モーターに流れる電流の大きさが同じだから。

2 はりのふれる向き…ぎゃくになる。
はりのふれ方…大きくなる。

まちがえやすい

1 (1)(2)　㋑は2つのかん電池が直列つなぎになっているので，㋐よりも電流が大きい。
(3)(4)　㋒は2つのかん電池がへい列つなぎになっているので，㋐と電流の大きさが同じ。

26 とじこめた空気 52ページ

1 (1)空気　(2)小さくなったから。
(3)①に○　(4)もと(の体積)にもどった
(5)ピストンの位置…②に○
手ごたえ…②に○

まちがえやすい

1 (5)　ピストンを強くおすと空気の体積がより小さくなり，空気がおし返す力が大きくなる。

27 とじこめた水 54ページ

1 (1)②に○　(2)変わらない

2 (1)②に○　(2)④に○

まちがえやすい

1 水をおしても体積は小さくならないので，ピストンの位置は変わらない。

2 (1)　空気はおしちぢめることができるが，水はおしちぢめることができない。よって，空気だけ体積が小さくなっている②が正しい。

空気の温度と体積①　　56ページ

1 (1)①に○　　(2)②に○
2 (1)①に○　　(2)大きくなるから

まちがえやすい
1 手でにぎってあたためると，試験管（しけんかん）の中の空気の体積（たいせき）が大きくなるので，せっけん水のまくがふくらむ。
2 (2) 湯（ゆ）につけると，へこんだピンポン玉の中の空気があたためられて体積が大きくなり，ピンポン玉の形がもとにもどる。

---

29 **空気の温度と体積②**　58ページ

1 (1)大きくなる。　　(2)上がる。（高くなる。）
　(3)下がる。（低（ひく）くなる。）
　(4)小さくなった
　(5)①…あたためる　②…冷（ひ）やす

まちがえやすい
1 (1)(2) 湯につけると，試験管の中の空気があたためられて体積が大きくなるので，ゼリーの位置（いち）は上がる。
　(3)(4) 氷水につけると，試験管の中の空気が冷やされて体積が小さくなるので，ゼリーの位置は下がる。

---

30 **水の温度と体積①**　60ページ

1 (1)大きくなる。　　(2)上がる。（高くなる。）
　(3)下がる。（低くなる。）
　(4)小さくなった
　(5)①…あたためる　②…冷やす

まちがえやすい
1 (1)(2) 湯につけると，試験管の中の水があたためられて体積が大きくなるので，水面の位置は上がる。
　(3)(4) 氷水につけると，試験管の中の水が冷やされて体積が小さくなるので，水面の位置は下がる。

 水の温度と体積②　62ページ

1 (1)③に○　　(2)②に○
　(3)①…大きく　②…小さく　③…空気

まちがえやすい
1 (1) 湯につけると，空気と水の体積が大きくなるが，その変化（へんか）は空気のほうが大きい。よって，ゼリーの位置が水面の位置より高い③が正しい。
　(2) 氷水につけると，空気と水の体積が小さくなるが，その変化は空気のほうが大きい。よって，ゼリーの位置が水面の位置より低い②が正しい。

---

32 **金ぞくの温度と体積**　　64ページ

1 (1)①…玉　②…大きく　　(2)①に○
2 (1)空気…小さくなる。　水…小さくなる。
　　金ぞく…小さくなる。
　(2)空気→水→金ぞく

まちがえやすい
1 (1) 金ぞくの玉が熱（ねっ）せられて体積が大きくなり，金ぞくの輪（わ）を通りぬけなくなった。
2 (2) 温度が変化すると，空気，水，金ぞくの体積は変化する。その変化の大きさは，空気がいちばん大きく，金ぞくがいちばん小さい。

---

33 **金ぞくのあたたまり方**　66ページ

1 (1)イ　　(2)近い
　(3)ク→キ→カ　　(4)①に○
2 (1)ウ　　(2)②に○

まちがえやすい
1 (3) 金ぞくは，熱したところに近いところから順（じゅん）に熱（ねっ）が伝（つた）わるので，ク→キ→カの順に示温（しおん）インクの色が変（か）わる。
2 (1) 熱したところに近いところから，ウ→ア→イの順に示温インクの色が変わる。

34 水のあたたまり方 68ページ

[1] (1)②に○　(2)上に動いたから。
(3)にていない。

[2] (1)㋐　(2)㋕　(3)図2

まちがえやすい

[1] (1)(2)　あたためられた水は上に動くので，上のほうから示温インクの色が変わる。

[2] (3)　図1は上のほうだけあたたまり，下のほうはあたたまりにくい。図2はあたためられた水が上に動くことで水全体が試験管の中で動き，はやくあたたまる。

35 空気のあたたまり方 70ページ

[1] (1)㋐　(2)上に動いたから。
(3)①と④に○

[2] (1)㋐　(2)①に○

まちがえやすい

[1] (3)　あたためられた水や空気は上に動き，水や空気が動くことで，やがて全体があたたまる。金ぞくは，あたためられたところから順に熱が伝わっていく。

[2] (1)　あたためられた空気は上に動くので，空気の温度は上のほうが高い。
(2)　あたたかい空気を下のほうに出すと，あたたかい空気が下から上へ動くため，教室全体があたたまりやすくなる。

36 あたためたときの水① 72ページ

[1] (1)ふっとう石　(2)湯気　(3)ふっとう
(4)①…高くなる(上がる)　②…100

まちがえやすい

[1] (1)　急にふっとうして熱せられた水がとび出すのをふせぐために，ふっとう石を入れる。
(4)　水はおよそ100℃でふっとうする。ふっとうしている間は，温度は100℃で変わらない。

37 あたためたときの水② 74ページ

[1] (1)水(水てき)　(2)㋐
(3)へる。(少なくなる。)　(4)②に○
(5)水　(6)水じょう気　(7)じょう発

まちがえやすい

[1] (1)　水じょう気が冷やされて水になり，金ぞくのスプーンについた。
(2)　湯気は小さな水てきの集まりで，目に見える。
(5)　ふっとうして出てきたあわは水じょう気で，冷やされると水にもどる。

38 冷やしたときの水 76ページ

[1] (1)食塩　(2)0℃　(3)㋒　(4)－3℃
(5)低くなる。(下がる。)
(6)大きくなる。(ふえる。)

まちがえやすい

[1] (2)(3)　㋑でこおり始め，㋒ですべてこおった。水が氷に変わっている間は，温度は0℃から変わらない。

39 水のすがた 78ページ

[1] (1)氷…固体　水…えき体
水じょう気…気体
(2)㋐，㋑　(3)大きくなる。(ふえる。)
(4)0℃　(5)(およそ)100℃
(6)㋑　(7)氷

まちがえやすい

[1] (2)　㋐と㋑はあたためたときの変化で，㋒と㋓は冷やしたときの変化である。
(6)　水がじょう発すると水じょう気になるので，㋑が正しい。
(7)　水や水じょう気は，入れるよう器によって形を変えることができるが，氷は形を変えることができない。

40 器具の使い方①

80ページ

1 (1)②に〇　　(2)ほごめがね
(3)①…中央　②…立って
(4)②に〇　(5)①…〇　②…〇　③…×

まちがえやすい

1 (1) 上着のボタンやジッパーはしめておき，ひもやリボンが実験器具にふれないようにする。また，長いかみは結んでおく。
(4) ノートなどのもえやすいものは，加熱器具の近くに置かないようにする。

41 器具の使い方②

82ページ

1 (1)平らな安定したところ
（水平で安定したところ）
(2)①に〇　　(3)②に〇
(4)①に〇　(5)③に〇

まちがえやすい

1 (5) 火を消すときは，ななめ上からふたをかぶせ，火が消えたら一度ふたをとって，冷めてからふたたびふたをかぶせる。

42 器具の使い方③

84ページ

1 (1)エ　　(2)ア
(3)(実験用ガスコンロの中に)残ったガスをもやすため。

2 (1)空気　(2)イ　(3)ア　(4)青色

まちがえやすい

1 (1) エの「点火」のところまでつまみを回して，火をつける。

2 (1) アは空気調節ねじで，イはガス調節ねじである。
(2)(3) 火をつけるときは，元せん→ガス調節ねじ→空気調節ねじの順に開き，火を消すときは，空気調節ねじ→ガス調節ねじ→元せんの順にしめる。

43 しあげのテスト①

85~86ページ

1 (1)まっすぐに進む。　　(2)ウ
(3)はね返した日光が重なっているから。
(4)イ

2 (1)ふるえている。（しん動している。）
(2)止まる。（出なくなる。）
(3)大きくなる。　　(4)大きくなる。

3 (1)①…×　②…×　③…〇　④…〇
(2)①に〇　(3)鉄

4 (1)グラム　　(2)600g
(3)①…変わらない。　②…変わらない。

まちがえやすい

1 (2)(3) はね返した日光が重なっているウが，いちばん明るく，あたたかくなる。

2 (2) ふるえているげんを指でつまむと，げんがふるえなくなるので，音が止まる。

3 (1) 2本のじしゃくの極が同じ①と②はしりぞけ合い，極がちがう③と④は引き合う。

4 (3) ものの形や置き方を変えても，重さは変わらない。

44 しあげのテスト②

87~88ページ

1 (1)回路　　(2)へい列つなぎ
(3)図2　　(4)ア

2 (1)イ　(2)上に動く。　　(3)空気

3 (1)ア　(2)大きくなったから。
(3)ウ　　(4)ゼリー

4 (1)水じょう気　　(2)固体
(3)(およそ)100℃　　(4)大きくなる。

まちがえやすい

1 (3) かん電池を直列つなぎにすると，電流が大きくなる。

2 (1)(2) あたためられた水は上に動くので，上のほうから示温インクの色が変わる。

3 (4) 水よりも空気のほうが，温度による体積の変化が大きい。

4 (2) 固体は形が決まっている。

2 1 0 9 8 7 6 5 4 3
＊＊ D C B A